无公害菜园
首选农药 100 种

WUGONGHAICAIYUAN

SHOUXUANNONGYAO100ZHONG

第 2 版

师迎春　易　齐 编著

中国农业出版社

前　言

21世纪以来，随着种植业结构的调整、人民生活水平的提高及对生活质量的高要求，蔬菜生产快速发展。据有关部门统计，1990年全国的蔬菜播种面积为660多万公顷，总产量为19 550.5万吨，人均占有量为173.1千克；2000年扩大到1 523.57万公顷，总产量为42 397.9万吨，人均占有量为326.1千克，较1990年分别增长了2.3倍和2.2倍，大大高于世界蔬菜人均占有量。2011年全国蔬菜播种面积为1 960多万公顷，总产量为6.79亿吨。

与大田作物相比，蔬菜因其自身的特点及种植方式的特殊性，极易发生病、虫、草害，尤其是随着种植面积的扩大，种植品种、结构、方式的多样化，蔬菜生产中病、虫、草害发生日益频繁，为害日益严重。特别是随着名、特、优、稀蔬菜和反季节蔬菜栽培数量的增加，多种新病、虫相继出现，同时老病、虫因产生抗药性，致使生产损失越来越重。为保障蔬菜安全生产，控制病、虫发生为害，农药防治依然是生产中最经常、最普遍使用的方法，农药防治作用快、效果好，在害虫大量发生、病害流行时，施用农药可以迅速控制病、虫等有害生物的扩散蔓延，防止造成巨大的经济损失。农药的适用范围比较广，品种繁多，可以防治各种有害生物；农药的防治对象广泛，往往是一种农药可以兼防多种病、虫；农药由大规模工业生产，防治成本较低，经济效益较好，可以满足大面积防治病、虫、草、鼠害的需要。但是农药也有副作用，包括农药的毒性，有害生物的抗药性，对天敌的杀伤造成有害生物再猖獗，药害，残留，对环境和生态的影响等。尽管如此，为了减少生产损失，目前化学防治仍是广大菜农防治蔬菜病、虫、草、鼠害的重要

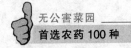
手段。

在蔬菜生产中，农药使用也存在很多问题，如有些菜农为了减少损失，不惜通过成倍增加用药量，违规用药和随意用药来控制病、虫为害，达到增产目的，不但增加了生产投入，而且也加重了农药对蔬菜、环境的污染，影响了蔬菜质量。蔬菜不同于其他农作物，其生长期短，不少蔬菜为多次采摘，产品多为鲜食甚至生食，蔬菜生产中一旦农药使用不当，必将增加蔬菜产品中的农药残留量，从而直接影响消费者的身体健康。

为了帮助广大菜农学习农药基本知识，了解农药基本性能，掌握农药施用技术；了解生产无公害蔬菜安全用药的有关规定，指导菜农在蔬菜上使用高效、低毒、低残留新型药剂和安全、合理用药，有效控制病、虫害的发生与为害，从而达到生产优质、高产、无公害蔬菜的目的，我们应中国农业出版社之邀，对《无公害菜园首选农药 100 种》进行了修订。希望这本书的出版对于规范菜园用药和农民增收有所帮助。

由于时间和掌握的知识有限，书中疏漏在所难免，恳请读者指正。

作　者
2015 年 8 月

目　录

一、菜田使用农药基本知识

（一）农药的基本概念

1. 农药的定义

农药是指用于预防、消灭或控制为害农业、林业的病、虫、草和其他有害生物以及有目的地调节植物、昆虫生长的化学合成或者来源于生物、其他天然物质的一种或者几种物质的混合物及其制剂。

2. 农药的分类

农药的种类繁多，随着生产实际的需要和农药工业的发展，每年农药的新品种都在不断增加，对农药进行科学分类，可更好地使用农药和推广农药。

（1）按来源分类

矿物源农药：由无机矿物简单加工制成，如铜制剂（波尔多液、碱式硫酸铜悬浮剂）、硫制剂（石硫合剂）等。

生物源农药：利用生物资源开发的农药，包括植物源农药和微生物源农药。植物源农药是用天然植物加工制成，如除虫菊素、烟碱、鱼藤酮、苦参碱、楝素等，此类农药一般毒性较低，对人畜安全，对植物无药害，有害生物不易产生抗药性，但来源有限，作用慢，用药量大，持效期短，品种单一。微生物源农药是利用微生物及其代谢产物制成，如阿维菌素、浏阳霉素等，一般对植物无药

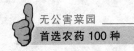
害，对环境影响小，有害生物不易产生抗药性。

有机合成农药：指人工合成的农药，占农药品种的绝大部分，一般药效高，作用快，防治效果好，且用量少，用途广，但易产生抗药性、农药残留、环境污染，使用不当对人、畜不安全等问题。

（2）按防治对象不同分类

杀虫剂：用于防治害虫的药剂。如吡虫啉、阿维菌素等。

杀螨剂：用于防治害螨的药剂。如噻螨酮（尼索朗）、双甲脒等。

杀菌剂：用于防治植物病原微生物的药剂。如霜脲·锰锌、百菌清等。

杀线虫剂：用于防治植物病原线虫的药剂。如氯唑磷（米乐尔）、棉隆等。

除草剂：用于防除田间杂草的药剂。如二甲戊灵（除草通）等。

杀鼠剂：用于防治害鼠的药剂。如溴敌隆、敌鼠钠盐等。

杀软体动物剂：用于防治有害软体动物的药剂。如防治蜗牛、蛞蝓等软体动物门动物的药剂，如四聚乙醛（密达）等。

植物生长调节剂：用于促进或抑制植物生长发育的药剂。如用于催熟的乙烯利、用于刺激生长的赤霉素、用于抑制生长的矮壮素等。

农药增效剂：此类药剂本身没有杀虫、杀菌、除草等作用，但将其适量加入杀虫剂、杀菌剂、除草剂等农药中，可有效地提高农药的防治效果，同时可适当减少农药用量。

（3）按农药的作用方式分类

①杀虫剂：杀虫剂按作用方式可分为触杀、胃毒、内吸、熏蒸、拒食、引诱、不育、生长调节等作用的杀虫剂。在生产中很多杀虫剂同时具有几种作用。在一定条件下，杀虫剂可以发挥一种或几种杀虫作用。

触杀剂：药剂通过害虫表皮进入体内发挥作用，使害虫中毒死亡。用于防治各种类型口器的害虫。通常只有触杀作用的农药较少，大多数农药还具有胃毒作用。如拟除虫菊酯杀虫剂、有机磷杀虫剂、氨基甲酸酯类杀虫剂等。

胃毒剂：药剂通过害虫取食进入其体内，经过消化系统发挥作用，使虫体中毒死亡。此类农药主要用于防治咀嚼式和舔吸式口器的害虫，对刺吸式口器害虫无效。大多数有胃毒作用的农药也具有触杀作用。如敌敌畏、辛硫磷等。

熏蒸剂：某些药剂在常温下可以气化为有毒气体，或通过化学反应产生有毒气体，通过害虫的气门及呼吸系统进入其体内发挥作用，使虫体中毒死亡。此类农药往往用于密闭条件下的温室大棚、蔬菜储存库。如敌敌畏、溴甲烷等。

内吸剂：药剂使用后通过叶片或根、茎被植物吸收，进入植物体后被输导到其他部位，以药剂有效成分本身或在植物体内代谢为更具生物活性的物质发挥作用。此类农药主要防治刺吸式口器害虫。如吡虫啉等。

拒食剂：药剂被害虫取食后，害虫的正常生理功能被破坏，食欲消除，停止取食，最后害虫被饿死。此类药剂主要对咀嚼式口器害虫有效。

引诱剂：药剂以微量的气态分子，将害虫引诱到一起集中消灭。此类药剂又分为食物引诱剂、性引诱剂和产卵诱剂 3 种，其中性引诱剂在生产中使用较广。

昆虫生长调节剂：药剂能阻碍害虫的正常生理功能，阻止正常变态，如使昆虫不能正常蜕皮长大，使幼虫不能化蛹或蛹不能羽化为成虫，从而使害虫没有生命力或形成不能正常生长、繁殖的畸形。此类药剂生物活性高、毒性低、残留少，对人、畜和其他有益生物安全。缺点是杀虫作用缓慢，残效期短。

②杀菌剂：杀菌剂按作用方式分为保护性及治疗性杀菌剂。

保护性杀菌剂：在病原菌侵染寄主前施用于植物可能受害的部位，可以有效地起到保护作用，消灭病原菌或防止病原菌侵入植物体内。此类农药必须在植物发病前使用。如百菌清等。

治疗性杀菌剂：在植物发病后，通过内吸作用进入植物体内，

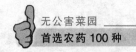
抑制或消灭病原菌，可以缓解植物受害程度甚至恢复健康。如春·
王铜（加瑞农）等。

铲除性杀菌剂：直接接触植物病原并将其杀死。此类药剂作用
强烈，多用于处理休眠期植物或未萌发的种子或处理土壤。如石硫
合剂等。

③除草剂：除草剂按作用方式分为触杀性和内吸性除草剂。

触杀性除草剂：药剂使用后只杀死直接接触到药剂的杂草活组
织，即杂草的地上部分，对接触不到药剂的地下部分无效。如百草
枯等。

内吸性除草剂：药剂施用于植物体或土壤，通过植物的根、
茎、叶吸收，并在植物体内传导，达到杀死杂草植株的目的。如草
甘膦等。

3. 农药的剂型

经过加工的农药称为农药制剂，包括原药及辅助剂。原药指未
经加工的农药。大多数原药不溶于水或难溶于水而一般不直接使
用，需将其与适当辅助剂进行加工后，才能安全、合理、经济、有
效地发挥防治有害生物的作用。制剂的形态称为剂型。

（1）粉剂（DP） 将原料和填料及稳定剂按一定比例混合后，
经机械粉碎、研磨、混匀，制成的粉状混合物即粉剂，是一种常用
剂型。它不溶于水，也不易被水湿润，且不能分散和悬浮于水中，
因此不能加水喷雾使用。施药时一般低浓度粉剂用喷粉器喷粉；高
浓度粉剂用于拌种或土壤处理。在贮藏期间有效成分不分解，不结
块变质。优点是资源丰富，便宜易得，加工成本较低，施药方法简
单，用途广泛，不受水源条件影响，工效高。缺点是施用时易飘移
损失，污染环境，黏着力差，用量大，影响药效。一般情况下，粉
剂药效低于乳油、可湿性粉剂。

（2）可湿性粉剂（WP） 是将原料、填料、表面活性剂（分
散、润湿等）及其他助剂（稳定剂、抗结块剂、展着剂等）一
起混合并经粉碎、研磨和混匀而成的一种粉状剂型。它可用水稀释

后形成稳定的可供喷雾的悬浮液。它的形态与粉剂类似，其使用类似于乳油，可用水稀释、分散。优点是加工成本低，而且作为固体制剂贮运安全、方便，有效成分含量高，喷洒的雾滴较小，黏着力强。缺点是对润湿剂和粉粒细度要求较高，悬浮率的高低直接影响防治效果并易造成局部性药害。其防治效果优于粉剂，接近乳油。

（3）颗粒剂（GR） 将原药与载体、黏着剂、稳定剂等辅助剂混合后制成的粒状固体制剂。可直接手撒或喷撒于土壤或水面上。优点是贮运方便，施用过程中，沉降性好，飘移性小，对环境污染小，可控制农药有效成分的释放速度，残效期长，施药方便，同时可使高毒农药低毒化，对施药人员安全。缺点是颗粒剂的加工成本比粉剂高。

（4）乳油（EC） 将原药、有机溶剂、助溶剂和乳化剂等按一定比例互溶而成的均相液体药剂。加水后形成乳状液供喷雾用。乳油与其他农药剂型相比，药效更好，见效快。优点是加工方法比较简单，有效成分含量高，药剂容易附着于目标物表面，不易被雨水冲刷，药效高，残效期长，用途广。缺点是用有机溶剂和乳化剂，导致生产成本较高，使用不当时易造成药害。

（5）悬浮剂（SC） 指借助于各种助剂（湿润剂、增黏剂、防冻剂等），通过湿法研磨或高速搅拌，使原药均匀分散于分散介质（水或有机溶剂）中，形成一种颗粒极细、高悬浮、可流动的液体药剂。可用于常量、低量喷雾，也可用于超低量喷雾。兼具乳油和可湿性粉剂共有的优点，是近年来农药采用越来越多的剂型。优点是由于悬浮颗粒小，分布均匀，喷洒后覆盖面积大，黏着力强，因而药效比相同剂量的可湿性粉剂高，与同剂量的乳油相当；生产、使用安全，对环境污染小；施用方便。

（6）干悬浮剂（DF） 外观为粉状或片状、块状，由原药与分散剂等助剂调制而成。药效与乳油相近，目前使用已较广泛。干悬浮剂特点是：在水中能快速分散，分散性好和悬浮性好；药液颗粒细微，易形成致密保护膜；药液颗粒大小比例分配合理，能保证

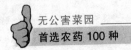

药剂的速效性和持效性；安全性好，环保剂型，减少有机溶剂的污染，对操作者和环境危害更轻。

（7）水剂（AS） 利用某些原药能溶解于水的特点，以水为溶剂，添加适宜的助剂直接配制成的药剂。优点是加工方便，成本较低，药效与乳油相当。缺点是在植物体上黏着力差，长期贮藏易分解失效，化学稳定性不如乳油。

（8）烟剂（FU） 将原药、助燃剂、氧化剂、消燃剂等制成粉状或锭状制剂，点燃后可以燃烧（无火焰），农药受热气化，在空气中凝结成固体颗粒。沉积在目标物表面的杀虫剂颗粒对害虫具有良好的触杀、胃毒作用，附着在植物体表面的杀菌剂可以抵御或杀死病原菌，可起到防治病、虫害的作用，主要用于保护地蔬菜病、虫害的防治。优点是防治效果好，使用方便，工效高，劳动强度低，不需任何器械，不用水，药剂在空间分布均匀等。缺点是发烟时药剂易分解，棚膜如有破损，药剂逸散严重，成本高，药剂品种少。

（9）油剂（OL） 为农药原药的油溶液，配制时将农药原药溶于油质溶剂中，必要时加入适量助溶剂、稳定剂和安全剂；农药含量在 20％～50％，并必须是低毒。此制剂对人、畜较安全，黏附性高，耐雨水冲刷。

（10）水分散粒剂（WG） 是近年来发展的一种颗粒状新剂型。由固体农药原药、湿润剂、分散剂、增稠剂等助剂和填料加工造粒而成，遇水能很快崩散成悬浮状。兼有可湿性粉剂和胶悬剂的悬浮性、分散性、稳定性好的特点。优点是流动性能好，使用方便，无粉尘飞扬，贮存稳定性好。

（11）超低容量液剂（UL） 超低容量液剂同油剂，但为高含量的农药原药加入少量溶剂组成，有的还加入少量助溶剂、稳定剂等，有效成分浓度可高达 80％。使用时不必对水，可直接用超低容量喷雾器喷洒，每 667 米^2 用量 100 毫升左右。优点是使用量少、应用迅速、使用时不需加水或加水量极少等。缺点是毒性相对较高，飘移时易带来危害，需要特殊使用设备，可能腐蚀金属或塑料容器等。

（12）可溶粉剂（SP） 由水溶性原药加水溶性填料及少量助剂组成。外观为粉状，对水形成水溶液。优点是加工简便，使用方便，药效高，便于包装、运输和贮藏。

（13）微囊悬浮剂（CS） 也叫微胶囊剂，是新发展的一种农药剂型。由农药原药和溶剂制成颗粒，同时加入树脂单体，在农药微粒的表面聚合而形成的微胶囊剂。优点是有机溶剂量少、毒性较低、持效期长、挥发少、农药的降解低和药害轻等。缺点是生产设备昂贵，制剂容易冻结，温度高时易黏稠，包装费用较贵等。

（14）可分散液剂（DC） 又称为可分散性液剂、水分散液剂等，是有效成分溶于水溶性的溶剂中，形成胶体液的制剂。

（15）水乳剂（EW） 也称浓乳剂和水基乳剂。由有效成分、抗冻剂、乳化剂、有机溶剂和水等组成，农药有效成分溶于有机溶液中，并以微小的液珠分散在水为连续相中的非均一流体的制剂。优点是有机溶剂使用量低、产品不易飘移、低毒、高效、高稳定性等。缺点是生产成本较高，不适合于所有农药成分和可能对高、低温敏感等。

（16）悬浮种衣剂（FS） 由农药有效成分、成膜剂、分散剂、抗冻剂、消泡剂、染料和水等组成，为含有成膜剂的悬浮剂，直接或稀释后用于种子包衣。优点是可消除种子带的病菌、杀灭农作物苗期的地下害虫、促进农作物生长、减少种子用量等。

（17）泡腾片剂（EB） 投入到水中能迅速产生气泡并崩解分散的片状制剂，可直接使用或用常规喷雾器械喷施。

此外，农药的剂型还有片剂、膏剂、气雾剂、缓释剂等。

4. 农药的毒性

农药是在蔬菜生产中重要的农业生产资料，既能有效防治蔬菜的病、虫、草害，减轻生产损失，同时农药也有一定的毒性，使用

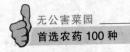
不当就会对人、畜、蜜蜂、天敌和鱼类等造成毒害。因此，要做到安全使用农药，必须了解农药的毒性，并严格遵守农药安全使用方法。

农药的毒性指农药对人、畜及其他有益生物产生直接或间接的毒害作用，或使其生理机能受到严重破坏的性能。农药对人、畜的毒害主要是经过口、皮肤、呼吸三种途径发生作用。

(1) 农药的毒性 分为急性毒性、慢性毒性、残留毒性及"三致"作用。

①急性毒性：指一次性口服、吸入、皮肤接触大量农药，或短时间内大量农药进入体内，在短时间内表现出急性病理反应的中毒症状。

②慢性毒性：指口服、吸入或皮肤接触低剂量农药，药剂在人、畜身体内积累，引起内脏机能受损，使生理机能、组织器官等产生病变症状。

③残留毒性：指农产品含有的农药残留量超过最大允许残留量，人、畜食用后对健康产生影响，引起慢性中毒。

④"三致"作用：指致畸、致癌、致突变作用。

(2) 农药毒性的大小 农药毒性的大小常用农药对试验动物的致死中量 LD_{50}、致死中浓度 LC_{50}、无作用剂量（NOEL）表示。

①致死中量 LD_{50}：也叫半数致死量。指在规定时间内，使一组试验动物的 50% 个体死亡的药剂剂量。致死中量剂量越小，农药的毒性越高；反之，致死中量剂量越大，农药的毒性越低。

②致死中浓度 LC_{50}：也叫半数致死浓度。指在规定时间内，使一组试验动物的 50% 个体死亡的药剂浓度。致死中浓度越低，农药毒性越大；反之，致死中浓度越高，农药毒性越小。

农药毒性的大小根据药剂对动物（一般为大鼠）毒性试验结果来评定。我国目前以急性毒性指标的大小来衡量药剂毒性的高低。根据卫生部、农业部于 1991 年颁布的《农药安全毒理学评价程序》中的规定，农药的毒性按原药的致死中量或致死中浓度划分为剧毒、高毒、中等毒和低毒 4 个级别。

我国农药毒性的分级标准

毒性级别	经口 LD_{50}（毫克/千克），24 小时	经皮 LD_{50}（毫克/千克），4 小时	吸入 LC_{50}（毫克/米³），2 小时
剧毒	<5	<20	<20
高毒	5～50	20～200	20～200
中毒	50～500	200～2 000	200～2 000
低毒	>500	>2 000	>2 000

剧毒、高毒农药只要接触很少一点就会中毒或死亡。中毒、低毒农药虽然比高毒农药毒性低，但接触多或接触时间长，也会造成中毒，影响健康，严重时能引发多种疾病甚至死亡。

5. 农药中毒

农药中毒指在使用或接触农药的过程中，农药进入人体的量超过了正常的最大忍受量，使人的正常生理功能受到影响，出现生理失调，病理改变等中毒症状。农药中毒的类型有以下几类。

①根据中毒后人体所受损害程度的不同分为轻度、中度、重度中毒。

②根据中毒症状反应快慢分为急性中毒、亚急性中毒和慢性中毒。

急性中毒：一次性经口吸入或经皮肤接触一定剂量的农药后，或在短时间内由于大量农药的迅速作用，在 24 小时内出现中毒症状。

亚急性中毒：接触农药后 48 小时内出现中毒症状。

慢性中毒：接触农药量较小，但连续不断在人体内积累，逐渐表现出中毒症状。因慢性中毒发病慢，症状与普通疾病相似，往往不易诊断。

③根据接触农药的场所不同分为生产性中毒和非生产性中毒。生产性中毒指人们在生产运输、销售、保管和使用过程中，缺少安全防御措施，违反安全操作规程而发生的中毒。非生产性中毒指在

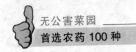

生活中因接触农药（包括服毒自杀）发生的中毒。

6. 有害生物对农药的抗药性

农药在控制蔬菜病、虫、草等有害生物为害中发挥了重要的作用，但如果使用不当，也会给生产带来副作用。随着农药在生产中的广泛应用，有害生物对农药的抗药性已成为生产防治中的一个重要问题。了解害虫、病原菌及杂草抗药性产生的原因及其治理对策，将有利于正确、合理地使用农药。

（1）抗药性的定义　抗药性指某些害虫、病原菌或杂草等生物的部分个体在有药剂的环境下，对农药常用剂量的毒性形成抵抗能力，而这个农药剂量对正常种群的大多数敏感个体仍然有效。一种农药用于防治某一种害虫或病害，经多次反复使用，药效明显减低，需要加大几倍、几十倍甚至更大倍数才能达到原先的防治效果，有的加大药量也无效，这就是有害生物产生了抗药性。

（2）产生抗药性的原因

①在同一地区、同一作物上，连续多年使用某一种农药防治某几种有害生物，是产生农药抗药性的一个很重要的原因。长期单一使用一种药剂，经多次淘汰，抗药性较强的少量害虫和病菌保存了下来，并将抵抗药剂的能力遗传给后代，形成了对农药有较强抗性的群体。由于年年连续使用同一种农药并不断加大剂量，使得种群的抗药性一代比一代强，抗性发展速度加快，最后再使用这种药剂防治有抗性的害虫或病菌，效果差，甚至无效。

②代谢解毒能力的增加是害虫产生抗药性的重要原因。有些害虫本身具有解毒的酶类物质，当长期使用某种农药时，解毒酶活性增强，可将体内的药剂由高毒变为低毒或无毒，其抗药性就会自然增强，这就是害虫的生理解毒作用。如棉铃虫对溴氰菊酯产生抗药性的主要原因就是因为棉铃虫体内多功能氧化酶活力提高造成的。

③害虫或病菌生理生育的特性，促进抗药性的产生。生活史短、繁殖快、数量大、代别多的害虫（如蚜虫、烟粉虱等）和病菌中的专性寄生菌（如白粉菌、锈菌等），因繁殖迅速，接触药剂的

机会多，容易产生抗药性。

④害虫的龄期增大，体内的脂肪量增多，增加了对进入体内药剂的抵抗力，降低了表皮对农药的穿透性和渗透性，这也是形成抗药性的原因之一。

⑤病原生物是否易产生抗药性与药剂的作用机制有关。杀菌剂的作用机制有两大类，一类是非特异作用的杀菌剂（如波尔多液等保护性杀菌剂），对病菌生命活动的抑制属于多位点作用，因病菌不能在全部位点上引起突变，故此类杀菌剂不易产生抗药性；另一类是特异性作用的杀菌剂（如多菌灵、三唑酮等内吸性杀菌剂），对病菌作用点是单一的，只针对病菌的单一代谢环节，一旦这些部位发生突变，药剂就不能发生作用，从而导致抗药性产生。

7. 农药的药害

药害指农作物生长过程中因施用农药不当而引起作物反映出各种病态，包括作物体内生理变化异常、生长停滞、植株变态甚至死亡等一系列症状。蔬菜生产中发生药害，如不立即采取补救措施，轻则影响蔬菜正常生长，造成减产，重则导致蔬菜植株死亡。

（1）药害的分类

①急性药害：施药后短期内，通常在施药后 2～5 天即发生，一般发生很快，症状明显，植株上出现肉眼可见的症状，多表现为斑点、穿孔、焦灼、失绿、凋萎、落叶、落花、落果、幼嫩组织枯焦等。

②慢性药害：一般指施药后经过较长时间（施药后数十天）才表现出的药害症状，且症状不明显，主要影响作物的生理活动，如出现黄化、生长发育缓慢、作物矮化、畸形、小果、劣果等。慢性药害一旦发生，一般无法挽救。

③残留药害：主要指在土壤中残留期较长的农药对下一茬敏感作物产生的药害。

（2）药害的症状

①斑点：主要表现在叶片上，有时也发生在茎或果实表皮上。

11

常见的药斑有褐斑、黄斑、枯斑、网斑等几种。药斑与生理性病害斑点的区别在于，前者在植株上的分布往往没有规律性，全田表现有轻有重；后者通常发生普遍，植株出现症状的部位比较一致。药斑与真菌病害的区别是，前者斑点大小、形状变化大，后者多具有发病中心，斑点形状较一致。

②黄化：表现在植株茎叶部位，以叶片发生较多。药害引起的黄化与营养缺乏的黄化相比，前者往往由黄叶发展成枯叶，后者常与土壤肥力和施肥水平有关，全田黄苗表现出一致性。与病毒引起的黄化相比，后者黄叶表现为系统症状，在田间病株与健株常混生。

③畸形：表现在作物茎叶和根部。常见的畸形有卷叶、丛生、根肿、畸形果等，如番茄受 2，4 -滴药害，表现出典型的空心果和畸形果。

④枯萎：整株植物表现症状，此类药害大多因除草剂使用不当造成。药害的枯萎与侵染性病害引起的枯萎症状比较，前者没有发病中心，且发病过程较慢，先黄化，后死株，根茎中心无褐变；后者多是根茎部输导组织堵塞，先萎蔫，后失绿死株，根茎内部变褐色。

⑤停滞生长：表现为植株生长缓慢，通常除草剂的药害对植株抑制生长的现象比较普遍。药害引起的生长缓慢与生理性病害的发僵相比，前者常伴有药斑或其他药害症状，后者则表现为根系生长差，叶色发黄。

⑥脱落：表现为落叶、落花、落果等症状。

⑦劣果：主要表现在果实上。果实体积变小，果实表面异常，品质差，影响食用和经济价值。药害劣果与病害劣果的主要区别是前者只有病状，没有病症，除劣果外还有其他药害症状的表现，后者有病状和病征。

(3) 药害发生的原因

①与农药的质量有关：农药质量不合格，原药生产中有害杂质超过标准，农药贮存过久变质，或混有其他药剂，不仅防治效果差，还极易产生药害。

②与药剂性质有关：任何农药对农作物都有一定的生理作用。无机农药和水溶性大、渗透性强的农药，容易引起药害。一些油剂如乳油等农药，会堵塞作物叶片的气孔而造成药害。除草剂和植物生长调节剂产生药害的可能性更大些。

③与作物种类的耐药力有关：各种作物对农药的敏感性和耐药力差异很大，在选用农药时，要先考虑、了解作物对药剂的敏感程度。如马铃薯对可溶性铜的耐药力较强，而黄瓜、白菜对其忍耐力则很差，易发生药害。

④与使用技术有关：农药使用过量，包括浓度过大、重复喷药，易造成药害；农药混用不当，乱用、错用，同时施用两种或两种以上农药，农药间相互发生化学变化，不仅防治效果差还易引发药害。

⑤与作物生育期有关：作物的幼苗期、开花期等生育阶段和幼嫩组织等部位较敏感，耐药力差，容易发生药害。

⑥与环境条件有关：施药时的温度、湿度和土壤等环境条件也是引起药害的重要原因。如番茄生产中，在高温条件下使用保花保果激素蘸花，易出现药害，叶片变成细长的蕨叶，皱缩硬化，形成尖顶果、裂肚果。

8. 农药的残效期

也称持效期，指生产中施用农药，经过相当时期后，继续保持其对害虫、病菌或杂草毒杀效力的时间。

9. 农药残留

农药残留指农药使用后残存于生物体、农产品和环境中的微量农药原体、有毒代谢物、降解物和杂质的总称。农药残存的数量称残留量，以每千克样本中有多少毫克（或微克等）表示。

大多数农药按照推荐剂量、施用方法和时间、次数使用，农产品中农药残留量不会超过国家规定的标准，不会产生危害性。未按规定施药、采收，除对农产品造成残留超标外，施用农药时，喷洒

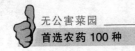
的农药除落在植株或杂草上，还会有部分药剂落到土壤中，这些残留在土壤中的农药就会成为水和土壤的污染源，有的还会对后茬作物产生药害。

10. 农药的安全间隔期

农药的安全间隔期指最后一次施药后离收获的天数。国家对每种农药都规定了安全间隔期，生产中必须严格执行农药的安全间隔期。

（二）农药的施用方法

农药施用方法指把农药施用到目标物上所采用的技术措施。不同的施药方法会直接影响到防治效果、防治成本及环境安全。生产实际中应根据农药的性能、剂型、防治对象和防治成本等综合因素来考虑施药方法的选用。

1. 喷雾法

是生产中最常用的施药方法。适合乳油、水剂、可湿性粉剂和悬浮剂等农药剂型的施用，可作茎叶处理，也可作土壤处理，尤其适用于喷洒保护性的杀虫剂、触杀性的杀虫剂、除草剂，对受药体小或活动性小以及隐蔽为害的病、虫防治有特殊的作用。喷雾法要求喷洒均匀、周到。按喷雾用液量不同可分为常量喷雾法、低容量喷雾法、超低容量喷雾法。常量喷雾法用液量大、工效低、劳动强度大，适宜水源丰富的地方防治植物茎叶病、虫和用于土壤处理防治农田杂草，一般使用背负式喷雾器。低容量喷雾法适用于防治植物叶面害虫，具有效果好、工效高、节省农药的优点，但不适用于化学除草，也不能用于喷洒高毒农药。超低容量喷雾法适用于少水地区防治植物病、虫，在防治效果、工效等方面比低容量喷雾法更优越。

喷雾法的优点是药液可直接接触防治对象，分布均匀，见效快，防效好，方法简单。缺点是药液易飘移流失，对施药人员安全性较差。

2. 熏烟法

熏烟法是使农药以极细的固体颗粒悬浮在空气中，自行扩散，借助气流使药剂颗粒均匀地分散到更大空间和很远的距离，缓慢均匀地沉降到作物表面。熏烟法工效高，不需专门的器械，不用水，携带方便，很适合封闭小环境应用，如仓库、房舍、温室、大棚及大片较郁蔽的森林、果园。此法只适用于防治病、虫、鼠害，密闭小空间熏烟要求密闭条件严格，以防药烟逸失。温室、大棚内熏烟应避开阳光照射作物的时间，最好在清晨或傍晚放烟。同时还需注意，防治飞翔的害虫应根据密闭空间的体积来决定用量，对温室、大棚等保护地作物上的病、虫，应按作物的面积计算用药量。

3. 涂抹法

是将药液涂抹在蔬菜等作物的某一部位的施药方法。涂抹法只是将药剂在局部使用，不会造成农药喷洒时的飘移污染，且局部用药量少，成本低，但费工。可使用可湿性粉剂、乳油、悬浮剂等剂型。防治病害时，按照药剂使用要求对水配成浓度较高的药液，涂抹于植株茎上初发生的病斑处，还可在药液中添加面粉等物，增加药液的黏附性。番茄生产中防止落花、落果时，把植物生长调节剂对水稀释成使用要求的浓度，将药液涂抹在柱头上，可在药液中加入少量红色墨水作为标记，以防重复涂抹。

4. 土壤处理法

将液体、固体或气体状农药喷、撒在地面或翻耕于土层下，或直接灌施在土层中来防治病、虫及杂草的方法称土壤处理，又称土壤消毒。常用的具体方法有喷施、撒施、沟施和灌施。如用辛硫磷乳油土壤处理防治地下害虫，喷洒除草剂除草灭荒，灌溴甲烷土壤灭菌。用易挥发性的农药或气体药剂施用时应注意土壤表面密闭，

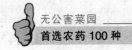

常用的办法是土表喷水形成密闭层或覆盖地膜。

5. 撒施法

是最简单的农药施用方法。一般可将农药药粒与肥料等混合，由人工直接撒施。撒施法的优点是对天敌影响小，不易飘移，持效期长。缺点是农药分布均匀度差。

6. 拌种法

是将植物种子与药剂混合拌匀，使种子外表覆盖药剂，用以防治种传、土传病害和地下害虫。

7. 种衣法

用种衣剂（具有成膜特性的物质）加在杀虫剂或杀菌剂中，药剂在种子表面涂覆一层后，可阻止病、虫为害。

种衣法要求条件比较高，一般在种子公司或大型农场进行。种子包衣药效可长达 45～60 天，减少苗期地面喷药次数，省药省工。

8. 种苗浸渍法

将农药稀释后，用于浸种、蘸根，防治病、虫害。防治病、虫害效果与药液浓度、温度、浸种时间有密切关系。温度高应适当降低药液浓度或缩短浸种时间；温度确定，药液浓度高则应缩短浸种时间。

种苗浸渍法的优点是保苗效果好，对害虫天敌影响小，农药用量也较小。

9. 毒饵法

用饵料与具有胃毒剂的对口药剂混合制成毒饵，用于防治地下害虫和害鼠。毒饵法对地下害虫和害鼠具有较好的防治效果，缺点是对人畜安全性差。

（三）农药的量取、稀释与配制

除粉剂、颗粒剂、片剂和烟剂等少数农药制剂可直接使用外，一般农药产品的浓度都比较高，在使用前都必须经过配制才能施用。使用商品农药时，应根据农药产品、防治对象和作物种类的不同，施药时气温的高低，在药剂中加入不同量的水（土）或其他稀释剂，配成所需的药液或毒土、毒饵。药液或毒土、毒饵浓度适当与否，与药效和安全性有很大关系，所以在稀释农药时要按照农药标签上的使用说明，严格掌握稀释浓度。

1. 准确计算农药和稀释剂的用量

（1）农药用量表示方法

农药有效成分用量：指单位面积上有效成分用量。国际上常采用克/公顷表示（注：1公顷＝15亩），国内常采用克/亩表示（注：1亩＝667米²）。

农药商品药（制剂）用量：指单位面积上施用的农药商品药（制剂）用量。该表示法直观易懂，但必须注明制剂浓度，不同浓度的药剂其商品药用量不同。若用固体农药，如可湿性粉剂，单位是克（千克）/公顷；若用液体农药，如乳油，单位是毫升（升）/公顷。面积也可用平方米表示。

稀释倍数：指药剂被稀释多少倍的表示法。即1千克药剂加上稀释剂后的质量是原来1千克药剂的倍数，是针对常量喷雾而沿用的习惯表示方法。一般都按质量计算，不能直接反映出被稀释后混合物中的农药有效成分含量。

百万分浓度：指100万份药剂（药液）中含农药有效成分的份数。以前用 ppm 表示，现已停用，现用毫克/千克或毫克/升表示。常在植物生长调节剂、抗生素及小浓度的农药配制中使用。

（2）农药制剂用量计算
农药制剂取用量要根据其制剂有效成分的百分含量、单位面积的有效成分用量和施药面积来计算。商品农

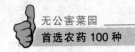

药的标签和说明书中一般均标明了制剂的有效成分含量、单位面积上有效成分用量,有的还标明了制剂用量或稀释倍数。所以,要准确计算农药制剂和稀释剂用量,必须要仔细、认真阅读农药标签和说明书。

①按单位面积上的农药制剂用量计算:

农药制剂用量(克或毫升)=每667米²农药制剂用量(克或毫升)×施药面积(667米²)

②按单位面积上的有效成分用量计算:

$$\frac{农药制剂用量}{(克或毫升)} = \frac{每667米²农药有效成分用量(克或毫升)}{制剂的有效成分含量(\%)} \times \frac{施药面积}{(667米²)}$$

③按农药制剂稀释倍数计算:

$$\frac{农药制剂用量}{(克或毫升)} = \frac{配制药液量(克或毫升)}{稀释药液倍数} \times \frac{施药面积}{(667米²)}$$

(3) 农药使用浓度换算

农药有效成分量与商品量的换算:

农药有效成分量=农药商品用量×农药制剂浓度(%)

百万分浓度与百分浓度(%)换算:

百万分浓度=百分浓度(%)×10 000

稀释倍数换算:

内比法(稀释倍数小于100):

稀释倍数=原药剂浓度÷新配制药剂浓度

药剂用量=新配制药剂重量÷稀释倍数

$$\frac{稀释剂用量}{(加水或拌土量)} = \frac{原药剂用量 \times (原药剂浓度-新配制药剂浓度)}{新配制药剂浓度}$$

外比法(稀释倍数大于100):

稀释倍数=原药剂浓度÷新配制药剂浓度

稀释剂用量=原药剂用量×稀释倍数

2. 准确量取农药制剂和稀释用水

计算出农药制剂用量和对水量后,要严格按照计算量称取或量取。固体农药要用秤称量，液体农药要用有刻度的量具量取（如量杯、量筒、吸液管等）。量取时，应避免药液流到筒或杯的外壁，要使筒或杯处于垂直状态，以免造成量取偏差；量取配药用水，如果用水桶或喷雾器药箱作计量器具时，应在其内壁用油漆画出水位线，标定准确的体积后，方可作为计量工具。

3. 正确配制药液、毒土

（1）**固体农药制剂的配制** 商品农药的低浓度粉剂，一般不用配制可直接喷粉，但用作毒土撒施时需要用土混拌，选择干燥的细土与药剂混合均匀即可使用。可湿性粉剂配制时，应先在药粉中加入少量的水（500 克药粉约加 250 克水），用木棒调成糊状，然后再加入较多一些水调匀，以上面没有浮粉为止，最后加完剩余的稀释水量。注意，不能图省事，把药粉直接倒入大量的水中。

（2）**液体农药制剂的配制**

①注意水的质量：用于配制药剂的水，应选用清洁的江、河、湖、溪和沟塘的水，尽量不用井水，更不能使用污水、海水或咸水，以免对乳油类农药起破坏作用，影响药效或引起药害。

②严格掌握药剂的加水倍数：每种农药都有一定的使用浓度要求。配制时，应严格按规定的使用浓度加水，如果加水量过多，浓度降低，影响药效；若加水量不足，药剂浓度增高，不但浪费农药，还可能引起药害。

③注意加水方法：在按规定加入足量稀释水前，可先加入少量水配好母液，然后用剩余的水，分 2～3 次冲洗量器，冲洗水全部加入药箱中，搅拌均匀。需注意，有的药剂在水中很容易溶解，有的药剂虽也能溶解在水中，但需要用少量热水溶解后，再加入清水。

④注意药剂的质量：在加水稀释配制乳油农药时，一定要注意药剂的质量。有的乳油由于贮存时间过长或原来质量不好，已经出现分层、沉淀。对这种药剂，在配制前，应把药瓶轻轻摇振20～30 次，静置后如能成均匀体，方可配制；如摇振后不能成

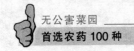
均匀体，就要把装乳油的药瓶放在温热的水里，浸泡 10 多分钟（注意不能用开水，以防药瓶破碎），对分层、沉淀完全化开的药剂，可用少量的乳油农药，加入相应的清水试验，若上无浮油，下无沉淀，并成白色乳状液，则该药剂可以对水使用。

（四）菜田农药使用的特点

①蔬菜栽培种类众多，病虫害种类也较多。我国种植的蔬菜种类多达 200 余种，病虫害种类也多达 1 500 种左右，因此菜田使用农药品种繁多，应用技术复杂。

②蔬菜栽培方式复杂，主要栽培方式有露地栽培、地膜覆盖栽培、保护地栽培（大棚蔬菜栽培和温室蔬菜栽培），轮作倒茬频繁，间作、套种普遍且形式多样，管理较大田精细。这些特点决定了蔬菜生产中病、虫、草害发生频繁，农药的使用要方便、经济、高效。

③大多数蔬菜生育期短，收获后很快食用，尤其是有些蔬菜可以生食的特点，决定了在蔬菜上使用的必须是低毒、低残留的药剂，国家明确规定蔬菜上严禁使用剧毒、高毒农药，且严格执行安全间隔期，以保证生产的蔬菜安全、可食用。

④蔬菜生产应根据蔬菜种类、防治对象、生态环境、防治时间等特点，因地制宜，选择合理、安全的农药品种、用药量、用药时间和方法，讲究施药技术，与其他防治方法协调使用，既可有效防治病虫草害，同时又保护了生态环境。

（五）农药的科学、合理使用原则

（1）选准药剂，对症用药　农药种类很多，每种农药及其不同剂型都有自己适宜防治的对象，因此在生产实践中，使用某种农药时必须全面了解这种农药的性能特点和它的具体防治对象的发生规律，才能选择安全、有效、经济的药剂，做到对症下药。如：杀虫剂中胃毒剂对咀嚼式口器害虫如菜青虫等有效；内吸剂一般只对刺吸式口器害虫如蚜虫、白粉虱、斑潜蝇、蓟马等有效；触杀剂则对各种口器害虫都有效，但要求施药技术水平较高，必须把农药喷到虫体上；熏蒸剂只能在保护地密闭后使用，露地使用效果不好。选用杀菌剂时应更需注意，通常防治真菌病害的杀菌剂对细菌病害效果不好，防治低等真菌病害的杀菌剂对高等真菌病害效果也较差。同时还要注意选用合适的药剂剂型，同种农药的不同剂型其防治效果也有差别，通常防治效果乳油最好，可湿性粉剂次之，粉剂最差，近些年来新发展的水溶剂、微乳剂、浓可溶剂性能更好。保护地内使用粉尘剂或烟剂效果较好，不久的将来，保护地蔬菜病、虫害防治会使用更先进更现代化的常温烟雾施药技术。

（2）**掌握病虫发生动态，适时用药**　选择合适时间施用农药，是控制病、虫、草害，保护有益生物，防止药害和避免农药残留的有效途径。在关键时期施药，而且用最少量的药剂，取得最好的防治效果。但要达到此目的必须全面了解所需防治病、虫、草害的发生、发展规律，掌握病、虫在田间实际发生动态，该防治的时候才用药，不要见到病、虫就害怕，而且应考虑施药后挽回的损失至少不要少于所用药剂和防治用工的总投入。不要简单追求"治早、治小"，打"太平药"、"保险药"，也不应该错过有利时机打"事后药"，放"马后炮"。各种有害生物防治适期不同，同一种有害生物在不同的作物上为害，防治适期也有区别，使用不同药剂防治某种病、虫、草害的防治适期也不一样。如防治鳞翅目幼虫一般应在幼虫三龄前，其他多种害虫都应在低龄期施药。防治气传病害一般应在发病初期及时用药，保护性预防药剂必须在发病初期或前期用药，用药晚了效果差，即使是治疗性药剂用药也不能太晚。还有，施用芽前除草剂，绝对不能随意在出苗后施用。

（3）**准确掌握农药用量**　准确掌握农药适宜的施用量是防治病虫草害的重要环节。一定要按农药使用说明书量取农药施用量，使用农药的浓度和单位面积用药量务必准确，不是越多越好，药液越浓越好。尽管不少农药在一定范围内，浓度高些、单位面积用药量大些，药效会高些，但超过一定限度，防治效果并不按着其浓度的比例提高，有些反而下降，不仅造成浪费，而且会出现药害或造成蔬菜产品农药残留超标，人为扩大农药污染。农药用量过低，又影响防治效果，诱发病、虫害的抗药性。因此，量取药剂决不能粗略估计，如果用没有刻度的瓶盖量、用勺子盛、或手抓，或直接倒，这样可能出现该多用药的实际不够量，该少用药的实际用多了，造成田间防病虫效果不好，或形成不必要的浪费，或出现药害。为了保证准确用药，应该把要防治的面积估计准，所用药量要计算准确，称量准确，稀释用水也要有准量。此外防治病、虫、草、鼠害一定要按着农药使用说明书提出的用药量，应用量筒、量杯、小秤等称量用具，准确量取用药量。

(4) 选择适宜的施药方法，保证施药质量 由于农药种类和剂型不同，施用农药的方法也不同。采用正确的使用农药方法，不仅可以充分发挥农药的防治效果，而且能避免或减少杀伤有益生物、作物药害和农药残留。如可湿性粉剂不能用于喷粉，颗粒剂、粉剂或粉尘剂不能够用于喷雾；胃毒剂不能用于涂抹；内吸剂一般不宜制作毒饵。施药要尽可能保证质量，喷雾力求做到细致均匀；使用烟剂必须保持棚室密闭；施用粉尘喷粉一定要避开阳光较强的中午。

(5) 根据天气情况，科学、正确施用农药 一般应在无风或微风天气条件下施用农药，同时注意气温变化。气温低时，多数有机磷农药效果较差；温度太高，又容易出现药害。多数药剂应避免在中午施用，无法避开这段时间时应适当减少用药量；刮风下雨会使药剂流失，降低药效，因此最好使用内吸的药剂，其次使用乳剂。

(6) 合理混合用药 农药混用是配成药液使用的单剂的相互混配。科学、合理混合使用农药可以扩大防治范围，提高防治效果，延缓病、虫、草害产生的抗药性，有的还可以起到促进作物生长发育的作用，充分发挥农药制剂的作用。农药合理混合使用的原则包括：

①混用时先用稀释一种单剂所需的水量将单剂稀释，再用该稀

释液去稀释另一种单剂，不要分别稀释后再混合，更不可先将两种单剂混在一起后再加水稀释。

②两种混合使用的农药不能起化学反应，破坏有效成分，田间混用的农药物理性状保持不变。

③不同农药混用不能提高对人、畜的毒性，对其他有益生物和天敌的危害。

④混用农药品种要求具有不同的防治作用方式和不同的防治对象。

⑤不同种农药混用要达到提高药效的目的；混用农药使用后，农副产品中的农药残留应低于单用药剂。

⑥农药混用应能降低使用成本。

现有农药混合的主要类型有：杀虫剂加增效剂、杀虫剂加杀虫剂、杀菌剂加杀菌剂、除草剂加除草剂、杀虫剂加杀菌剂等。但是混用不当，轻者降低药效，出现药害，重者造成毁种。凡属于与碱性物质混合后易分解失效的药剂不能与碱性农药混用，两种或几种药剂混用后发生化学反应，如产生絮结、沉淀或其他理化性质受到破坏即表示不能混用。尤其不能为节省时间、劳力，把防治多种病、虫的药剂随意混在一起施用。通常不提倡 3 种或 3 种以上的药剂混合使用。

(7) 轮换使用农药　在一个地区或在一定范围内长期连续、不合理使用单一品种农药，容易使病、虫、草害产生抗药性，使防治效果大幅度下降。因此即使农药效果好，也不能长时间连续使用。科学轮换使用作用机制不同的农药品种是延缓病、虫、草产生抗药性的最有效方法之一。

(8) 高度重视安全使用农药　多数蔬菜采摘后可被直接食用，有些蔬菜直接生食，因此，在蔬菜生产中必须高度重视农药的安全使用问题，应严格遵守《农药安全使用规定》和《农药合理使用准则》，遵守有关农药管理法规；严禁使用高毒、剧毒农药；严格执行农药使用"安全间隔期"制度；严格掌握各种农药的适用范围等。

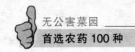
（六）使用农药的注意事项和基本常识

1. 安全合理使用农药的基本知识

①病、虫害发生时，应请教有关植物保护技术人员，根据防治对象，选择合适的农药品种；有多种农药可供选择时，应选用毒性最低的品种，在可选农药毒性相当时，应选用残留低的品种。切忌病、虫害发生乱买药、盲听盲从无主见、随机随时买药。

②购买农药时，无公害蔬菜生产一定要使用正规厂家生产，产品商标和标签都规范的农药品种，应仔细看清标签，不要购买标签不清或包装破损的农药。

③农药应单独存放，放在儿童不能摸到和远离食品、饲料的地方。

④配制农药时，应准确计算农药和配料的取用量。

农药制剂取用量要根据制剂有效成分的百分含量、单位面积的有效成分用量和施药面积计算。农药标签和说明书上一般均标注制剂的有效成分含量、单位面积上有效成分用量，因此在使用农药前一定要认真、仔细地阅读农药标签和说明书，按其要求使用农药。农药标签是紧贴或印制在农药包装上的介绍农药产品性能、使用技术、毒性、注意事项等内容的文字、图标式技术资料。它主要包括以下内容：农药名称，农药登记号，净重或净容量，生产厂名、地址、邮编及电话，农药类别，使用说明，毒性标志及注意事项。

配制农药的农药制剂用量、配制药液量和稀释倍数见附录，稀释倍数和有效成分浓度（毫克/千克）换算表见附录。

⑤安全、准确配制农药时应注意：

• 配制人员必须经过专业技术培训，掌握必要的技术和熟悉所用的农药性能；孕妇、哺乳期妇女不能参与配药。

• 开启农药包装、称量配制农药时，操作人员应戴必要的防护用品；农药称量、配制应根据药品性质和用量进行，防止溅洒、散落；用适当的器械，不能用瓶盖倒药或用水桶配药；不能用盛药水的桶直接下沟、河取水；不能用手取药或搅拌。

• 配制农药应在离住宅区、牲畜栏和水源远的场所进行，且要远离儿童和家禽、家畜。

• 喷雾器不要装得太满，以免药液泄漏；药剂随配随用，已配好的应尽可能采取密封措施，开装后余下的农药应封闭在原包装内，不得转移到其他包装中（如喝水用的瓶子或盛食品的包装）。

• 配药器械一般要求专用，每次用后要洗净，不得在河流、小溪、井边冲洗。

• 每次喷药后，要清洗并检查施药器械，喷头堵塞时，不要用嘴吹，喷药、施药、清洗器械时，不要污染河流、湖泊和池塘等水源。

• 用过的、不要的农药包装要焚烧或深埋，不可任意丢弃。

• 处理粉剂和可湿性粉剂时，应防止粉尘飞扬。如果要倒完整袋可湿性粉剂农药，应将口袋开口处尽量接近水面，站在上风处，让粉尘和飞扬物随风吹走。

⑥施用农药时，施药人员要穿戴防护衣物，不能使用滴漏的器械喷药，不能逆风喷药；配药、施药期间，不要吃、喝食物和吸烟，每天施药后，要换下并洗净施药的防护衣物；皮肤沾染农药后，要立刻冲洗沾染农药的皮肤，眼睛里溅入农药时，要立即用清水冲洗10分钟，发生农药中毒时，要立刻送医院并携带农药标签。

⑦下雨前不可以喷药。

2. 使用农药的注意事项

（1）施药人员的条件 施药人员应是身体健康的青、壮年人，并经过技术培训，掌握安全用药知识和具备自我救护技能。体弱多病、患皮肤病、农药中毒和患其他疾病未恢复健康者；哺乳期、孕期、经期妇女；皮肤损伤未愈者；未成年人均不得喷施农药。特别是以下十类人，不宜喷施农药：癫痫病人、感冒病人、皮肤病患者、恢复期患病者、心脏病患者、肝炎患者、哺乳期孕期经期妇

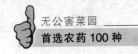

女、肾炎患者、农药过敏病人、儿童。

（2）使用农药的一些规定 高毒农药如甲拌磷（三九一一）、氧化乐果、呋喃丹等品种不准用于防治蔬菜害虫（见附录 1、附录 6）。

3. 购买和使用农药小常识

（1）购买农药时的注意事项 在农药使用季节，一些不法分子利用多种手段生产、加工、分装伪劣农药或不合格农药，严重扰乱了农资市场正常秩序，同时给农作物病、虫、草、鼠为害的有效控制带来了极大的隐患，对生产造成不利影响。许多农民在购买农药时容易贪图价格便宜，不到正规经营部门购买，从个体经营者手中购买廉价商品，导致上当受骗，贻误农事。因此，提醒农民朋友购买农药时，一定要尽量到技术部门的正规销售网点、社区服务站或无公害农药连锁配送站，不仅可以买到保质保量、效果好的无公害农药，还能进行技术咨询。

在决定购买农药前一定要仔细检查并阅读标签，看上面是否三证（农药登记证、农药生产证、执行标准证）齐全，缺一不可（国外农药仅农药登记证）；生产日期、生产厂家、联系电话等有关信息是否明晰；包装是否完整。标签内容要准确，假劣农药在宣传其药效上往往夸大其词，以偏概全，包装上标明的适用病害、虫害常常很多，看似"一药治百病、一药灭百虫"的现象是不现实的。

购买时一定要索要、核对和保存发票，留取样品，以便发生问题时有凭证便于解决。如果购买的农药产品出现质量问题，发票是维权的重要证据；留存的样品可供具有检验资质的农药检验检测单位进一步鉴定农药的质量。

使用前认真阅读农药说明书，以便对农药含量、稀释浓度、适用时间范围、有效期限等有详细了解。

一旦发现农药有假或出现产品使用问题，可向当地的工商管理部门、质量技术监督部门和农药管理部门进行举报和投诉，保护自己的合法权益，及时采取补救措施。

（2）**假劣、失效农药的鉴别方法**　现在的假劣农药产品花样翻新，仅简单地查看标签可能会被蒙蔽，还可以通过农药形态来辨别农药的优劣。主要方法有直观法、加热法、漂浮法、热溶法。

①直观法：对于粉剂和可湿性粉剂农药，先看药剂外表，如果已经受潮结块，药味不浓或有其他异味并能用手搓成团，说明其基本失效。对于乳剂农药，先将药瓶静置，如果药液混浊不清或出现分层即油水分离，有沉淀物生成或絮状物悬浮，说明药剂可能已经失效。也可将乳油滴入盛有水的试管中，合格的乳油会迅速向四周扩散融解，形成像牛奶一样的乳液，相反，假的乳油虽然晃动后也会融解，但它上面会出现一个明显的悬浮层。

②加热法：适用于粉剂农药。取农药5～10克，放在金属片上加热，如果产生大量白烟，并有浓烈的刺鼻气味，说明药剂良好，否则，说明已经失效。

③漂浮法：适用于可湿性粉剂农药。先取200克清水一杯，再称取1克农药，轻轻地、均匀地撒在水面上仔细观察，在1分钟内湿润并能沉入水中的是未失效的农药，否则即为失效农药。

④热溶法：适用于乳剂农药。把有沉淀物的农药连瓶一起放入温水中，水温不可过高，以50～60℃为宜，经1小时后观察，若沉淀物慢慢溶解，说明药剂尚未失效，待沉淀物溶解后还能继续再用；若沉淀物难溶解或不溶解，说明已经失效，不能再使用。

除以上方法，有上网条件的还可以通过上网来查询、辨别农药产品的真假。对登记在册的每一家农药生产企业，农业部都在网上进行了公布，您只要输入它的登记证号，然后点击查询，企业的相关信息就会一目了然。如果有不法生产厂家假冒别人的登记证号，或者所谓的登记证号根本不存在，马上就会原形毕露。

（3）**科学稀释农药**

①粉剂农药：蔬菜上使用粉剂农药进行土壤处理，需加一定量的细土拌匀，而后按要求撒施土表或播种沟内，或按株、穴施用。粉尘剂不可自行加填充剂稀释。

②可湿性粉剂农药：通常采用两步配置法，首先用少量水配置

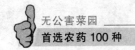

较浓的母液，进行充分搅拌；之后再倒入药桶中进行最后稀释。需要注意的是两步配置的水量要等于所需用水总量。

③液体农药：根据药液稀释量的多少及药剂活性的大小而定。用液量少可直接配置，大规模用药可采用两步配置法：先用少量水配置较浓的母液，之后再倒入药桶中进行最后稀释，进行充分搅拌。

④颗粒剂农药：可借助填充料稀释后使用。填充料一般为干燥均匀的小土粒或同性化学肥料，充分搅拌均匀后即可使用。选用化学肥料做填充料时，一定要注意农药和化肥的酸碱性，避免引起农药分解失效。

（4）农药、化肥混用的原则

①碱性化肥（如氨水、石灰氮、草木灰等）不能与敌百虫、乐果、甲基硫菌灵、井冈霉素、多菌灵及菊酯类杀虫剂等农药混用，否则会降低药效。

②碱性农药石硫合剂、波尔多液、松脂合剂等不能与碳酸氢铵、硫酸铵、硝酸铵、氯化铵等铵态氮肥和过磷酸钙等化肥混用，否则引起化肥降低肥效。

③化学肥料不能与微生物农药混用，否则易杀死微生物，降低防治效果。

（5）农药浸种的技术要点

①因浸种药液是药剂稀释液，必须选用可溶于水的可湿性粉剂、水剂、悬浮剂、乳剂等剂型，绝不可选用粉剂，以保证浸种灭菌效果。

②准确配制药液：浸种药剂浓度按药剂的有效成分计算，浸种时间要按药剂浓度决定，否则容易引起药害或降低浸种效果。

③掌握浸种时间：浸种时间要按农药说明书要求严格把握，时间过长会引起药害，过短则达不到消毒的作用。

④浸过的种子要冲洗晾晒：视种子对药剂的耐受力决定是否要清洗浸过的种子，一般需要晾晒以备播种。

⑤浸种药液要高出种子 16 厘米以上，以免种子吸水膨胀后露

出药液面，减低浸种效果。

⑥ 充分搅拌：种子在浸泡过程中要充分搅拌，以排除气泡，提高浸种效果。

4. 农药的贮存和保管

在生产中，农户家里常会有未开封的或尚未用完的农药需要暂时贮存和保管，农药是一种特殊商品，如果不掌握其特性或保存方法不当，就有可能引起人、畜中毒和腐蚀、渗漏、火灾等不良后果，或造成农药失效、降解及错用，引起农作物药害等不必要的生产损失。

在农药的贮存和保管过程中，要根据产品种类分类存放，根据生产日期或保质期使用日期早的，用旧存新，防止产品过期失效等，注意事项如下：

①农户自家贮存农药应将其单独放在一间屋内，门窗要严密，防止儿童接近。最好将农药锁在一个单独的柜子或箱子里，不要放在容易使人误食或误饮的地方。严禁和粮食、种子、饲料、蔬菜、食品及日用品等混放，防止中毒；农药也不能与烧碱、石灰、化肥等物品混放在一起，防止挥发性气体使农药分解失效或包装物腐蚀损坏等；禁止把汽油、煤油、柴油等易燃物放在贮存农药的房间内，防止火灾。

②保存好农药的标签及使用说明书，对已破损的瓶、袋等包装要及时更换，可湿性粉剂农药要注意密封，以防吸湿后结块失效。对标签已失落或模糊不清的农药，必须重新用纸写明品名、用法、用量、有效期限、使用范围，贴于瓶上或袋子上以备正确使用。

③根据生产日期或保质期，用旧存新，先使用生产日期早的药剂，防止产品过期失效。对挥发性大和性能不太稳定的农药，不能长期贮存。

④一定要将农药保存在原包装中，存放在阴凉、干燥、通风的地方，注意远离火种和避免阳光直射。

• 注意实行密封。敌敌畏、乐果、辛硫酸等一些农药易挥发失

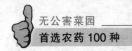

效，造成空气污染，保管时一定要把瓶盖拧紧，实行密封。

•避免高温和阳光直晒。大多数粉剂农药在高温情况下，其质量容易受影响。温度越高，农药越容易融化、分解、挥发，甚至燃烧爆炸。一些乳剂农药在遇到高温后容易破坏其乳化性能，降低药效，而有些瓶装液体农药当遇到低温后容易结冰，形成块状，或使瓶子冻裂，在保管这类农药时应保持室内温度在1℃以上。另外，辛硫酸农药怕光照，长期见光暴晒，会引起农药分解变质和失效，在保管时要避免高温和日晒。

•保持干燥。粉剂农药和植物调节剂，很容易吸潮结块，所以，保管存放农药的场所应当保持干燥，严防漏雨飘雪。还要留有窗户，以便通风换气，保持相应湿度在75%以下。

⑤农药堆放时，要分品种堆放，严防破损、渗漏。根据不同剂型农药的贮存特点，采取相应措施妥善保管。

•乳油、水剂等液体农药的特点是易燃烧、易挥发，在贮存时重点是隔热防晒，避免高温。堆放时应注意箱口朝上，保持干燥通风。要严格管理火种和电源，防止引起火灾。

•粉剂、片剂、颗粒剂等固体农药的特点是吸湿性强，易发生变质。贮存保管重点是防潮隔湿，特别是梅雨季节要经常检查，发现有受潮农药，应移到阴凉通风处摊开晾干，重新包装，不可日晒。固体农药一般不能与碱性物质接触，以免失效。

•苏云金杆菌、印楝素等生物农药的特点是不耐高温，不耐贮存，容易吸湿霉变，失活失效，宜在低温干燥环境中保存，并且保存时间不宜超过2年。

5. 正确选用背负式手动喷雾器

喷雾器是用于喷洒防治病、虫、草害农药的常用机具，也广泛用于卫生防疫、消毒灭菌工作。背负式手动喷雾器因具有重量轻、结构简单、价格低廉、携带和操作方便等特点，很受农民欢迎。我国喷雾器的社会拥有量在6 000万台左右，年产销量在1 000万台左右。目前，市场上销售的背负式手动喷雾器质量参差不齐、千差万别，甚至个别厂商受利益驱使，采用偷工减料、以次充好等手段制造伪劣产品。喷雾器质量的好坏在很大程度上影响着防治效果的高低，因此在选购时应注意以下几点：

购买时首先要看产品上有无3C标志。凡列入3C（强制性产品认证）目录内的产品，没有获得指定认证机构的认证证书，没有按规定加施认证标志，一律不得进口、不得出厂销售和在经营服务场所使用。背负式植物保护机械被列入了第一批强制性认证的产品目录。这就是说没有通过3C认证的背负式手动喷雾器的质量得不到有效控制，不要购买。

在购买时还要看产品合格证、产品说明书、"三包"凭证（保修卡）等是否齐全，产品说明书和"三包"凭证里有无企业名称、厂址、联系电话及邮政编码，产品名称和型号是否与产品一致。"三包"凭证的有效期限是否符合国家六部委颁布的"三包"规定（植保机械不少于1年）。产品标志应标明产品商标、型号规格、企业名称等，并且这些内容应与产品说明书、"三包"凭证（保修卡）等文件的内容相一致。在容易产生危险的部位应贴有符合标准要求的、永久性的安全警示标志。

合格的喷雾器药箱外观应色彩鲜艳、色泽一致、壁厚均匀，如表面粗糙、色泽暗淡、壁厚不均匀，则往往是用回收废旧塑料加工的，这种药箱强度、韧性、耐压性都较差，在使用过程中容易出现药箱破损、药筒爆裂等问题。

此外还要检查固定件安装是否牢靠，运动部件运动是否灵活等，随机附件是否与说明书一致，并且现场进行喷雾效果检测，加压喷雾检查喷头雾化的效果，应雾化均匀、无滴漏现象。

6. 农药药害的补救措施

要避免农药药害的发生，科学、正确地使用农药是关键。对新药或从未使用过的农药，应先开展小范围、小面积的药效试验，效果好、取得经验后再大面积推广应用；严格掌握农药使用技术，选用对路药剂、准确称取农药、正确配制药液、掌握施药时期、采用

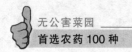

适当的施药方法并保证施药质量；施药后要彻底清洗喷雾器械，特别是使用过除草剂的器械，以免下次防治病、虫害时，对敏感作物产生药害；妥善处理剩余药液，不可乱倒；同时还要做好施药后的田间管理。

生产实际中，因施药技术不当或借用、乱用劣质农药以及药械未清洗又用等种种原因，造成作物药害时有发生，轻则影响植株生长，重则毁苗无收。故施用农药后 1 周内应经常检查作物生长情况，特别是对施用除草剂和植物生长调节剂的田块，更要仔细查看，以便及早发现药害，并针对农药性质及药害轻重程度，及时采取应急补救措施。常用的补救措施如下：

（1）喷水淋洗 若是叶片和植株喷洒药液后引起的药害，且发现及时，药液未完全渗透或吸收到植株体内时，可迅速用大量清水喷洒受害部位，反复喷洒 2～3 次，并增施磷、钾肥，中耕松土，促进根系发育，以增强作物的恢复能力。

（2）施肥补救 如叶面已产生药斑、叶缘枯焦或植株黄化等症状的药害，喷水淋洗已基本无效，可增施肥料，促进植物恢复生长，减轻药害程度。

（3）排灌补救 对一些撒毒土和水田除草剂引起的药害，适当排灌可减轻药害程度。

（4）激素补救 对于抑制或干扰植物生长的除草剂，在发生药害后，喷洒赤霉素等激素类植物生长调节剂，可缓解药害程度。

7. 废弃农药和包装的处理

在农药的使用过程中不可避免地会产生一些农药的废弃物，农药废弃物包含有家中存放的现已禁止使用的农药、变质或过期失效的农药和农药的废旧包装物，此外，还包括被农药污染的物品、土壤等。这些废弃物如果不加强控制与管理，势必对人的健康造成潜在的危害及环境的污染。所以，农药废弃物的安全处理具有重要意义。

在进行农药废弃物处理时要穿戴防护服；要将农药废弃物堆放

在安全的地方，避免儿童或动物接触；不要在对人、畜、植物以及食品和水源有危害的地方清理农药废弃物，以免引起中毒或药害；农药废旧包装物严禁作为他用，不能乱丢乱放，不得用农药废旧容器装食物或饲料，否则易引起人、畜中毒。可将农药废弃物深埋在距地面 50 厘米以下的土壤中。有条件的应将废弃农药或包装物交与农药销售部门做专业的集中高温焚烧处理。

（七）农药中毒的预防与急救

1. 预防农药中毒发生的措施

农药进入人体产生中毒的途径有 3 种，即经口，通过消化道进入；经皮，通过皮肤吸收；吸入，通过呼吸道进入。因此，防止农药中毒事故的主要措施，应针对这 3 种中毒途径，尽可能防止农药从口、鼻、皮肤进入人体，而重点应防止皮肤污染。

①正确选用农药和施药浓度：在蔬菜生产中杜绝使用剧毒或高毒农药，防治病、虫害应选用高效、低毒、低残留的无公害农药，并按使用要求施用。

②培训施药人员：施用农药的人员，必须是身体健康，且经过一定的技术培训。施用新农药时，需专门培训，掌握新农药的特点、毒性、施用方法、中毒急救等知识。

③做好个人防护：施用农药时须使用必备的防护品，防止农药进入人体内。

④安全、准确地配药和施药：按农药产品标签上规定的剂量准确称量和进行稀释，不得自行改变稀释倍数。不要用瓶盖量取或用饮水桶配药，不可用盛药水的桶直接下河沟、井里取水，不可用手或胳膊伸入药液或粉剂中搅拌。配制农药，应在远离住宅、牲畜栏和水源的场所进行，药剂随配随用。开装后余下的农药，应封闭在原包装内，不可转移到其他包装里，如喝水用的瓶子或盛食品包装袋中。配制粉剂和可湿性粉剂时，要小心倒放，防止粉尘飞扬。如

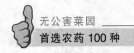
果需要倒完整袋粉剂，应将包装口袋开口处尽量接近水面，站在上风处。当天配好的药液，当天用完。

施药前应检查药械。先用清水试过喷雾器，遇喷头被堵塞，不可用嘴吸或吹，应先关好开关，防止药液溢出，再戴好手套，扭开喷头螺丝，取出喷片，用针轻轻疏通喷孔，然后安装。喷雾器里的药液，不要装得太满，以防泄漏。

采用正确的喷洒药液方法。一般采用顺风隔行喷的方法，遇到大风或风向不定时不喷药。施药人员喷药时间不宜过长，每天操作时间不宜超过 6 小时，喷 2 小时休息一次，连续施药 3~4 天应休息 1 天。

⑤做好施药后清洁工作：施药后要做好个人卫生、药械清洗、废瓶处理以及施过药田块的管理等方面工作。施药后个人要尽快用肥皂和清水洗脸洗澡，更换衣服。被农药污染的衣服和手套等防护品，应及时洗涤，妥善放置，以免危害家人和污染环境。

施药后的药械应在不会污染水源的地方洗净。对盛放过农药的空包装瓶、罐、袋、箱等，均应如数清点，集中处理或上交，不可乱扔，更不能用来盛放粮食、油、酒、酱、水等食品和饲料。

施过药的田块或果园，应插立警告牌提醒人们在规定的时间内不要进入，也不要在此期间内放养家禽、家畜和蜜蜂。

2. 农药中毒的一般症状及急救措施

农药中毒的一般症状表现为：恶心呕吐、呼吸障碍、心搏骤停、休克、昏迷、痉挛、激动、烦躁不安、疼痛、肺水肿、脑水肿等，但不同农药中毒，往往有不同的中毒症状，应尽快、及时地采取急救措施。

（1）去除农药污染源，阻止农药继续进入人体内

①经皮引起中毒：应立即脱去被污染的衣裤，迅速用温水冲洗皮肤，或用肥皂水（敌百虫除外，因为它遇碱后会生成毒性更大的敌敌畏）、4%碳酸氢钠溶液冲洗；若眼睛内溅入农药，需立刻用生理盐水冲洗 20 次以上，之后滴入 2%可的松和 0.25%氯霉素眼药

水，疼痛加剧者，可以再滴入 1%～2% 普鲁卡因溶液。严重者送医院治疗。

②吸入引起中毒：应立即将中毒者带离中毒现场，到空气新鲜的地方，解开中毒者衣领、腰带，保持呼吸通畅，除去假牙，注意保暖，中毒严重者立即送医院抢救。

③经口引起中毒：应立即对中毒者进行引吐、洗胃、导泻或对症使用解毒药。

•引吐必须在中毒者神志清醒时采用（中毒者昏迷时，易因呕吐物进入气管造成危险），是排除毒物的重要方法，呕吐物必须留下以备检查用。一般先给中毒者喝 200～400 毫升水，然后用干净手指或筷子等刺激咽喉部引起呕吐；用 1% 硫酸铜液每 5 分钟灌 1 匙，连用 3 次；用浓盐水、肥皂水引吐；用中药胆矾 3 克、瓜蒂 3 克研成细末，一次冲服。

•洗胃应在引吐后早、快、彻底地进行，洗胃前应去除假牙，根据不同农药选用不同的洗胃液；如中毒者神志清醒，可自服洗胃液，如中毒者神志不清，应插入气管导管，以保持呼吸通畅，防止胃内容物倒流入气管内，如中毒者呼吸已停止，可进行人工呼吸，抽搐者应先控制抽搐后再进行洗胃；服用腐蚀性农药的不宜采用洗胃，引吐后应口服蛋清及氢氧化铝胶、牛奶等保护胃黏膜。

•导泻：毒物进入中毒者肠内时，必须用导泻的方法排除毒物。导泻剂一般不用油类泻药，可用硫酸钠或硫酸镁 30 克加水 200 毫升 1 次服用，多喝水以加强导泻；有机磷农药重度中毒时，呼吸受到抑制时不能用硫酸镁导泻，避免镁离子大量吸收加重呼吸抑制；硫酸锌中毒也不可以使用硫酸镁。

（2）及早排出已吸收的农药及其代谢物

①吸氧：气体状或蒸气状的农药引起中毒，吸氧后可促使毒物从呼吸道排出。

②输液：在无肺水肿、脑水肿、心力衰竭的情况下，可输入 5% 或 10% 葡萄糖盐水等促进农药及其代谢物从肾脏排出。

③透析：可采用结肠、腹膜、肾脏透析等方式进行。

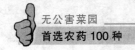
3. 常用解毒药品

(1) 胆碱酯酶复能剂（解磷定、氯磷定、双复磷、双解磷等）可迅速恢复被有机磷农药抑制的胆碱酯酶，对肌肉震颤、抽搐、呼吸肌麻痹具有强有力的控制作用。

(2) 硫酸阿托品　用于有机磷农药中毒和氨基甲酸酯类农药中毒。

(3) 巯基类络合剂　对砷制剂、有机氯制剂有效，也用于有机锡、溴甲烷等中毒。

(4) 乙酰胺　是有机氟农药中毒的解毒药，可使症状减轻或制止发病。

4. 对症治疗

(1) 呼吸障碍　由有机磷农药中毒引起呼吸困难时，可使用阿托品、胆碱酯酶复能剂。

(2) 心搏骤停　使用心前区术，用拳头叩击心前区，连续3～5次，用力中等；如无效，应立即改用胸外心脏按摩，每分钟60～80次，同时进行人工呼吸。

(3) 休克　应使病人脚高头低，注意保暖，必要时输血、输氧和人工呼吸。

(4) 昏迷　急救时将病人放平，头略向下垂，输氧，对症治疗。

(5) 痉挛　缺氧引起痉挛时可输氧；其他中毒引起痉挛时可用水合氯醛灌肠，吸入乙醚、氯仿等。

(6) 激动不安　用水合氯醛灌肠，服用醚缬草根滴剂缓解躁动不安。

(7) 疼痛　可用镇痛剂止痛。

(8) 肺水肿　输氧，使用大量肾上腺皮质激素。

(9) 脑水肿　输氧，头部用冰袋冷敷，使用能量合剂、皮质激素等药物。

二、无公害菜园首选农药品种及使用方法

（一）杀虫剂

1. 抗蚜威

【其他名称】辟蚜雾等。

【英文通用名称】pirimicarb

【主要剂型】25％、50％水分散粒剂，50％可湿性粉剂，9％微乳剂。

【毒性】中毒（对蜜蜂无毒，对鱼类、鸟及瓢虫、食蚜蝇等蚜虫天敌毒性低）。

【商品药性状及作用】抗蚜威商品药为监色粉末或颗粒，水溶液见光易分解，在酸性及碱性溶液中易分解失效。抗蚜威为氨基甲酸酯类选择性杀虫剂，具有触杀、熏蒸和叶面渗透作用。杀虫迅速，施药后数分钟即可杀死蚜虫，可有效预防蚜虫传播的病毒病。能防治对有机磷杀虫剂产生抗性的、除棉蚜以外的所有蚜虫。残效期短，对作物安全，不伤天敌。

【防治对象及使用方法】防治甘蓝、油菜等十字花科蔬菜蚜虫，用50％抗蚜威可湿性粉剂 2 500～3 000 倍液喷雾。喷雾时重点喷洒植株幼嫩部位和叶背。对瓜蚜防治效果较差，不宜选用。

【注意事项】

（1）抗蚜威对温度敏感，20℃以上时有熏蒸作用；15℃以下

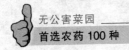
时，仅有触杀作用；15～20℃，熏蒸作用随温度上升而增强。因此，施药时应选择温暖的天气，如在低温施药，喷雾应力求均匀周到，否则影响防治效果。

（2）抗蚜威对棉蚜无效。

（3）施药后 24 小时内，禁止家畜进入施药区。

（4）抗蚜威必须用金属容器盛装。

（5）叶菜类蔬菜在收获前 11 天停止用药，每季最多使用 3 次。

2. 联苯菊酯

【其他名称】 天王星、虫螨灵、氟氯菊酯等。

【英文通用名称】 bifenthrin

【主要剂型】 2.5％、10％乳油，2.5％、4.5％水乳剂。

【毒性】 中毒（对鸟类低毒，对蜜蜂、家蚕、天敌、水生生物毒性高）。

【商品药性状及作用】 联苯菊酯乳油为浅褐色透明液体。联苯菊酯是一种高效合成拟除虫菊酯杀虫、杀螨剂，有触杀、胃毒作用，无内吸、熏蒸作用，杀虫谱广，对螨也有较好防效，作用迅速。对环境较安全，残效期长。

【防治对象及使用方法】

（1）防治白粉虱，在粉虱发生初期，虫口密度低时（2头/株）施药。用 2.5％联苯菊酯乳油 2 000～2 500 倍液喷雾，虫情严重时可用其 4 000 倍液与 25％噻嗪酮可湿性粉剂 1 500 倍液混用。

（2）防治蔬菜蚜虫，于发生初期用 2.5％联苯菊酯乳油 2 500～3 000 倍液喷雾，残效期 15 天左右，相同剂量也可防治多种食叶害虫。喷雾时重点喷洒植株幼嫩部位和叶背。

（3）防治红蜘蛛、茶黄螨，于成、若螨发生期施药，用 2.5％联苯菊酯乳油 2 000 倍液喷雾。

（4）防治菜青虫、小菜蛾、棉铃虫，应掌握在卵孵盛期，用 2.5％联苯菊酯乳油 2 000～3 000 倍液喷雾。

【注意事项】

（1）使用时注意不要污染河流、池塘、桑园、养蜂场所。

（2）忌与碱性农药混用，以免分解失效。

（3）施药时要均匀周到，尽量减少使用剂量和使用次数；尽可能与有机磷、有机氮类杀虫剂轮用，以减缓抗药性的产生。

（4）番茄收获前4天停用，且每季最多使用3次。

3. 溴氰菊酯

【其他名称】敌杀死、凯安保、凯素灵等。

【英文通用名称】deltamethrin

【主要剂型】2.5%、5%乳油，2.5%微乳剂，2.5%水乳剂，5%可湿性粉剂。

【毒性】中毒（对蚕、蜜蜂、鱼类毒性强）。

【商品药性状及作用】溴氰菊酯乳油为浅黄色透明液体，可湿性粉剂为白色粉末。溴氰菊酯为拟除虫菊酯杀虫剂，以触杀、胃毒为主，对害虫有一定驱避与拒食作用，无内吸、熏蒸作用。杀虫谱广，击倒速度快，尤其对鳞翅目幼虫及蚜虫杀伤力大，但对螨类无效。为神经毒剂，使昆虫过度兴奋、麻痹而死。

【防治对象及使用方法】防治叶类菜、十字花科蔬菜菜青虫、小菜蛾、蚜虫等，应在低龄幼虫期（幼虫二龄期前）施药，用2.5%乳油2 000～2 500倍液，均匀喷雾。防治甘蓝夜蛾用药量要加倍。

【注意事项】

（1）不可在桑园、鱼塘、河流、养蜂场等处及其周围使用。

（2）对眼、皮肤、黏膜有中等刺激性，施药时应注意安全防护。

（3）不可与碱性农药混用。

（4）叶菜类蔬菜收获前2天停止用药，每季最多使用3次；萝卜收获前至少10天停止用药，每季最多使用1次；黄瓜收获前至少3天停止用药，每季最多使用2次。

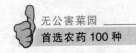
4. 氰戊菊酯

【其他名称】速灭杀丁、杀灭菊酯、中西杀灭菊酯、敌虫菊酯、百虫灵、速灭菊酯等。

【英文通用名称】fenvalerate

【主要剂型】20%、25%、40%乳油，20%水乳剂。

【毒性】中毒（对皮肤有轻度刺激性，对眼有中度刺激性，对蜜蜂、鱼虾、家禽、天敌等毒性高）。

【商品药性状及作用】氰戊菊酯乳油为黄褐色透明液体。氰戊菊酯为拟除虫菊酯类杀虫剂，杀虫谱广，有触杀、胃毒作用，还有驱避、杀卵、杀蛹作用。对天敌无选择性，无内吸传导和熏蒸作用。残效期10～15天，蔬菜内残留少。对鳞翅目幼虫效果好，对同翅目、直翅目、半翅目等害虫也有较好效果，但对螨类无效。

【防治对象及使用方法】

（1）防治小菜蛾、甜菜夜蛾，在低龄幼虫期用20%氰戊菊酯乳油2 000～2 500倍液，均匀喷雾，对菊酯类农药已产生抗性的小菜蛾、甜菜夜蛾，再用此药防治效果不好。

（2）防治菜青虫、蚜虫，用20%氰戊菊酯乳油2 500～3 000倍液，均匀喷雾。

【注意事项】

（1）不可与碱性农药混用。

（2）对蜜蜂、鱼虾、家禽等毒性高，使用时注意不要污染河流、池塘、桑园、养蜂场。

（3）害虫对本药易产生抗药性，注意与其他药剂轮换使用。

（4）在害虫、害螨并发的作物上，应配合使用杀螨剂。

（5）叶类蔬菜上安全间隔期夏季为5天，秋、冬季为12天，每季最多使用3次；甘蓝上安全间隔期不少于5天，每季最多使用3次；萝卜上安全间隔期不少于21天，每季最多使用2次；番茄上安全间隔期不少于3天，每季最多使用3次。

5. S-氰戊菊酯

【其他名称】 来福灵、顺式氰戊菊酯、高效氰戊菊酯、强力农、白蚁灵等。

【英文通用名称】 esfenvalerate

【主要剂型】 5%乳油，5%水乳剂。

【毒性】 中毒（对水生生物极毒，对蜜蜂、蚕毒性高）。

【商品药性状及作用】 S-氰戊菊酯乳油为黄褐色油状液体。S-氰戊菊酯为高活性的拟除虫菊酯类杀虫剂，除有与氰戊菊酯相同的药效特点、作用机理、防治对象外，其杀虫活性较氰戊菊酯高4倍，且在阳光下较稳定，耐雨水冲刷。

【防治对象及使用方法】

（1）防治菜青虫，于幼虫二龄期前施药，用5% S-氰戊菊酯乳油1 500～2 000倍液，均匀喷雾。

（2）防治蚜虫，在蚜虫发生期，用5% S-氰戊菊酯乳油2 500～3 000倍液均匀喷雾。

【注意事项】

（1）不可与碱性药剂混用。

（2）使用时注意不可污染池塘、河流、桑园、养蜂场所。

（3）喷药要均匀周到，且尽可能减少用药量和用药次数，以减缓抗性的产生。

6. 甲氰菊酯

【其他名称】 灭扫利等。

【英文通用名称】 fenpropathrin

【主要剂型】 10%、20%乳油，10%微乳剂，20%水乳剂。

【毒性】 中毒（对鱼、蚕、蜜蜂高毒）。

【商品药性状及作用】 甲氰菊酯乳油为棕黄色液体。甲氰菊酯是拟除虫菊酯类杀虫剂，有触杀、胃毒和驱避作用，无内吸和熏蒸作用。杀虫谱广，残效期长，低温防效好，对多种叶螨有良好防

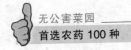
效。在害虫、害螨并发时，可虫螨兼治。

【防治对象及使用方法】

（1）防治小菜蛾，卵孵盛期至二龄幼虫发生期施药，用 20%甲氰菊酯乳油 1 500～2 000 倍液均匀喷雾，残效期为 7～10 天。但对已产生抗性的小菜蛾效果不好。

（2）防治菜青虫，平均每株有 1 头幼虫即应防治。用药量及使用方法同小菜蛾。

（3）防治棉铃虫，用 20%甲氰菊酯乳油 2 000～2 500 倍液喷雾。

【注意事项】

（1）该药无内吸作用，喷药时要均匀周到，气温低时使用更能发挥其药效，提倡早春和秋冬季节施用。

（2）不要与碱性药剂混用。单独使用时，最好不连续使用 2 次以上。

（3）该药不能作为专用杀螨剂，只能作为替代品或用于虫、螨兼治。

（4）使用时注意不要污染池塘、河流、蜂场和桑园。

（5）叶菜上安全间隔期为 3 天，每季最多使用 3 次。

（6）在马来西亚限用。

7. 高效氟氯氰菊酯

【其他名称】保得等。

【英文通用名称】beta-cyfluthrin

【主要剂型】2.5%、2.8%乳油，2.5%水乳剂，7%微乳剂，15%可溶液剂，2.5%微囊悬浮剂。

【毒性】低毒（对蜜蜂、蚕和水生生物毒性较高）。

【商品药性状及作用】高效氟氯氰菊酯乳油为淡黄色液体，其具有触杀和胃毒作用，没有内吸及渗透性。杀虫谱广，对害虫具有迅速击倒和长残效作用。高效氟氯氰菊酯是神经轴突毒剂，能够引起昆虫极度兴奋、痉挛与麻痹，能诱导产生神经毒素，最终导致神经传导阻断；还能引起其他组织产生病变。在推荐剂量下使用对作物安全。

【防治对象及使用方法】防治十字花科蔬菜菜青虫，在平均每株有虫 1 头时用 2.5％高效氟氯氰菊酯乳油 2 500～3 000 倍液喷雾。如直接喷雾到虫体上，还可防治刺吸式口器的害虫，如蚜虫、蓟马和螨类。

【注意事项】

（1）贮存于干燥阴凉处，远离食品、饲料，避免儿童接触。

（2）使用时注意安全防护。

（3）忌与碱性农药混用，以免分解失效。

（4）使用时注意不要污染河流、池塘、桑园、养蜂场所。

（5）安全间隔期 21 天。

8. 顺式氯氰菊酯

【其他名称】高效灭百可、高效安绿宝、高效氯氰菊酯、奋斗呐、百事达、快杀敌、虫毙王、奥灵等。

【英文通用名称】alpha-cypermethrin

【主要剂型】3％、5％、10％乳油，5％、10％水乳剂。

【毒性】中毒（对鱼、虾、蜜蜂、蚕高毒）。

【商品药性状及作用】顺式氯氰菊酯乳油为黄褐色油状液体，可湿性粉剂为白色粉末。顺式氯氰菊酯是生物活性较高的拟除虫菊酯类杀虫剂，由氯氰菊酯的高效异构体组成，活性比氯氰菊酯高 3 倍，因此单位面积用量更少，效果更高，其应用范围、防治对象、使用特点、作用机制与氯氰菊酯相同。

【防治对象及使用方法】

（1）防治蚜虫，于菜蚜发生期，用 10％顺式氯氰菊酯乳油 4 000～5 000 倍液，或 5％顺式氯氰菊酯乳油 2 000～2 500 倍液，或 3％顺式氯氰菊酯乳油 1 500～2 000 倍液喷雾。间隔 10 天左右，可再喷 1 次。

（2）防治菜青虫，于二至三龄幼虫盛发期，用 10％顺式氯氰

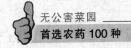
菊酯乳油 4 000～5 000 倍液，或 5％顺式氯氰菊酯乳油 2 000～
2 500 倍液，或 3％顺式氯氰菊酯乳油 1 500～2 000 倍液喷雾。

（3）防治小菜蛾，于二龄幼虫盛发期，用 10％顺式氯氰菊酯乳油 3 500～4 500 倍液喷雾。相同剂量还可防治黄守瓜、黄曲条跳甲。

（4）防治豇豆、大豆卷叶螟时，应在豇豆现蕾或花期施药。用 10％顺式氯氰菊酯乳油 3 500～4 000 倍液，或 5％顺式氯氰菊酯乳油 1 500～2 000 倍液，或 3％顺式氯氰菊酯乳油 1 000～1 500 倍液喷雾。

（5）防治棉铃虫，用 5％顺式氯氰菊酯乳油 1 500～2 000 倍液喷雾。

【注意事项】
（1）不能与碱性药剂混合使用。
（2）使用时不要污染鱼塘、河流、蜂场和桑园。
（3）药剂应保存在阴凉干燥通风且远离火源和儿童接触不到的地方。
（4）在叶菜和黄瓜上安全间隔期 3 天，每季最多使用 3 次。

9. 醚菊酯

【其他名称】多来宝、利来多等。
【英文通用名称】ethofenprox
【主要剂型】10％悬浮剂，10％水乳剂。
【毒性】低毒。
【商品药性状及作用】醚菊酯悬浮剂为奶白色液体。醚菊酯为类似拟除虫菊酯类杀虫剂，其结构与拟除虫菊酯有相似之处。杀虫谱广、杀虫活性高、击倒速度快、持效期长、对天敌和作物较安全，对害虫有触杀和胃毒作用，无内吸传导作用。可防治多种害虫，但对害螨无效。
【防治对象及使用方法】
（1）防治菜青虫、小菜蛾，在幼虫二龄期，用 10％醚菊酯悬浮剂 1 500~2 000 倍液，均匀喷雾。

（2）防治甜菜夜蛾，在二龄幼虫盛发期，用 10％醚菊酯悬浮剂 1 000~1 500 倍液，均匀喷雾。

【注意事项】

（1）使用前要将药剂摇匀，施药要均匀，防治钻蛀性害虫时，要在害虫未蛀入作物前喷药。

（2）不可与碱性药剂混用。

（3）药剂应保存在儿童接触不到的地方。

（4）甘蓝上安全间隔期 7 天，每季最多使用 3 次。

10. 氟氯氰菊酯

【其他名称】百树菊酯、百树得、氟氯氰醚菊酯、百治菊酯等。

【英文通用名称】cyfluthrin

【主要剂型】2.5％、5.7％乳油，5％、5.7％水乳剂。

【毒性】低毒（对鱼、蚕、蜜蜂等毒性高）。

【商品药性状及作用】氟氯氰菊酯乳油为棕色透明液体。氟氯氰菊酯是杀虫活性较高的拟除虫菊酯类杀虫剂。以触杀和胃毒作用为主，无内吸及熏蒸作用。其杀虫谱广，作用迅速，持效期长，对作物安全。可以防治多种鳞翅目害虫，也可有效防治某些地下害虫。

【防治对象及使用方法】

（1）防治菜青虫，在二至三龄幼虫发生期施药，用 5.7％氟氯氰菊酯乳油 2 000~2 500 倍液喷雾。相同剂量也可防治小菜蛾，但对菊酯已产生抗性的小菜蛾防治效果不佳。

（2）防治菜蚜，在发生期施药，用 5.7％氟氯氰菊酯乳油 2 500~3 000 倍液喷雾。

【注意事项】

（1）不能与碱性物质混用，不能在桑园、鱼塘及河流、养蜂场所使用。

（2）药剂贮存在儿童接触不到的阴凉通风干燥处，避免药剂或

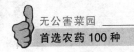

容器污染土壤或水体。

（3）避免单一连续使用，应与非菊酯类药剂交替使用。

（4）甘蓝上安全间隔期为7天，每季最多使用2次。

11. 高效氯氰菊酯

【其他名称】高灭灵、三敌粉、无敌粉、卫害净等。

【英文通用名称】beta-cypermethrin

【剂型】2.5％、4.5％、10％乳油，4.5％可湿性粉剂，4.5％、5％、10％微乳剂，3％、4.5％、10％水乳剂。

【毒性】中毒（对鱼等水生动物、蜜蜂、蚕有毒）。

【商品药性状及作用】4.5％高效氯氰菊酯乳油为淡黄色至黄褐色透明油状液体，2.5％乳油为黄色至棕黄色液体。高效氯氰菊酯是拟除虫菊酯类杀虫剂，生物活性较高，是氯氰菊酯的高效异构体，具有触杀和胃毒作用，杀虫谱广，击倒速度快，杀虫活性较氯氰菊酯高。

【防治对象及使用方法】

（1）防治菜蚜，于无翅蚜发生盛期施药，用2.5％高效氯氰菊酯乳油2 500～3 000倍液，或4.5％高效氯氰菊酯乳油2 000～3 000倍液均匀喷雾。

（2）防治菜青虫、小菜蛾，于幼虫二至三龄期用药，用2.5％高效氯氰菊酯乳油2 000～2 500倍液，或4.5％高效氯氰菊酯微乳剂1 500～2 000倍液均匀喷雾。

【注意事项】

（1）该制剂易燃，注意防火，远离火源。

（2）贮存于阴凉、干燥、避光处，远离食品、饲料，并放置在儿童接触不到的地方。

（3）不能与碱性农药混用；不能在桑园、鱼塘及河流、养蜂场所使用。

（4）甘蓝上安全间隔期3天，每季最多使用3次。

12. 氯菊酯

【其他名称】二氯苯醚菊酯、苄氯菊酯、除虫精等。

【英文通用名称】permethrin

【主要剂型】10％乳油。

【毒性】低毒（对鱼类等水生生物、蜜蜂、家蚕高毒）。

【商品药性状及作用】氯菊酯乳油为棕色液体。氯菊酯为不含氰基结构的拟除虫菊酯类杀虫剂，具有拟除虫菊酯类农药的一般特性，有触杀和胃毒作用，无内吸、熏蒸作用。杀虫谱广，击倒速度快，在碱性介质及土壤中易分解失效，光照下易分解。氯菊酯杀虫活性相对较低，单位面积使用剂量相对较高。对高等动物毒性更低，刺激性相对较小，同等使用条件下害虫抗性发展相对较慢。

【防治对象及使用方法】

（1）防治菜青虫、菜蚜等，在低龄幼虫期用 10％氯菊酯乳油 2 000倍液喷雾。

（2）防治小菜蛾、斜纹夜蛾、烟青虫、棉铃虫等，在低龄幼虫期用 10％氯菊酯乳油 1 500 倍液喷雾。

【注意事项】

（1）不可与碱性农药混用。

（2）使用时勿接近鱼塘、蜂场、桑园。

（3）对螨类无效。

（4）在白菜、青菜上每季节最多使用 3 次，安全间隔期为 2 天。

13. 虱螨脲

【其他名称】美除等。

【英文通用名称】lufenuron

【主要剂型】5％乳油，10％悬浮剂。

【毒性】低毒（对家蚕有毒）。

【商品药性状及作用】虱螨脲原药为白色粉末。通过作用于昆

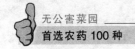
虫幼虫、阻止蜕皮过程而杀死害虫，适于防治对合成除虫菊酯和有机磷农药产生抗性的害虫。胃毒作用为主，也有触杀作用。渗透性强，有透层传导作用，喷雾于叶面，可杀死叶背害虫。用药后，首次作用缓慢，有杀卵功能，可杀灭新产虫卵，施药后 2～3 天见效果。

【防治对象及使用方法】

（1）防治蔬菜甜菜夜蛾，在幼虫孵化期用 5％虱螨脲乳油2 000倍液喷雾。

（2）防治番茄棉铃虫，用 5％虱螨脲乳油1 000～1 500 倍液喷雾。

（3）防治菜豆豆荚螟，用 5％虱螨脲乳油1 500～2 000 倍液喷雾。

在害虫盛发和世代重叠时，可连续使用 2～3 次，安全间隔期10～15 天。

【注意事项】 禁止在蚕室及桑园附近使用。

14. 噻嗪酮

【其他名称】 扑虱灵、优乐得、稻虱净、稻虱灵等。

【英文通用名称】 buprofezin

【剂型】 25％可湿性粉剂，25％、40％、50％悬浮剂，70％水分散粒剂，5％乳油。

【毒性】 低毒。

【商品药性状及作用】 25％噻嗪酮可湿性粉剂为灰白色粉末。噻嗪酮是抑制昆虫生长发育的选择性杀虫剂，触杀作用强，也具胃毒作用。可抑制昆虫几丁质合成和干扰新陈代谢，致使若虫蜕皮畸形而缓慢死亡。一般在 3～7 天才能见到效果，对成虫没有直接杀伤力，但可缩短其寿命，减少产卵量，且所产的卵多为不育卵，即使孵化的幼虫也很快死亡。对半翅目的粉虱、飞虱、叶蝉及介壳虫有高效，对鳞翅目小菜蛾、菜青虫等无效。药剂持效期 30 天以上，对天敌较安全。

【防治对象及使用方法】防治温室白粉虱、烟粉虱，用25％噻嗪酮可湿性粉剂1 000～1 500倍液，均匀喷雾。虫情严重时可用25％噻嗪酮可湿性粉剂1 500倍液与2.5％联苯菊酯（天王星）乳油4 000倍液混用。

【注意事项】

（1）不可在白菜、萝卜上使用，否则将会出现褐色或白化等药害。

（2）药剂应保存在阴凉、干燥和儿童接触不到的地方。

（3）此药只宜喷雾使用，不可使用毒土法。

15. 氟啶脲

【其他名称】抑太保、定虫脲、氟伏虫脲、吡虫隆等。

【英文通用名称】chlorfluazuron

【主要剂型】5％乳油，10％水分散粒剂。

【毒性】低毒（对蚕毒性高）。

【商品药性状及作用】氟啶脲乳油为棕色油状液体。氟啶脲为苯甲酰基脲类杀虫剂，杀虫谱广，胃毒作用为主，兼有触杀作用，无内吸性。作用机制主要是抑制几丁质合成，阻碍昆虫正常蜕皮，使卵的孵化、幼虫蜕皮以及蛹发育畸形，成虫羽化受阻而发挥杀虫作用。害虫取食后，作用缓慢，但取食活动明显减弱，一般药后5～7天才能充分发挥效果。对多种鳞翅目、直翅目、膜翅目、鞘翅目等害虫有很高活性。对蚜虫、叶蝉、飞虱等害虫无效。对有机磷、氨基甲酸酯、拟除虫菊酯类农药产生抗药性的害虫，对本药敏感。

【防治对象及使用方法】

（1）防治小菜蛾，在十字花科叶菜上，小菜蛾低龄幼虫为害苗期或莲座初期心叶及其生长点，防治适期应掌握在卵孵至一至二龄幼虫盛发期，对生长中后期或莲座后期至包心期叶菜，幼虫主要在中外部叶片为害，防治适期可掌握在卵孵至二、三龄幼虫盛发期，用5％氟啶脲乳油1 000～1 500倍液喷雾。防治对菊酯

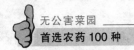

类农药有抗性的小菜蛾用5％氟啶脲（抑太保）乳油2 000～2 500倍液喷雾，药后10天左右的药效可达90％以上。

（2）防治菜青虫，在二至三龄幼虫盛发期，用5％氟啶脲乳油1 000～1 500倍液喷雾。

（3）防治豆野螟，在豇豆、菜豆开花期或卵盛期，用5％氟啶脲乳油1 000～1 500倍液喷雾，隔10天再喷1次，共喷2次，可有效防治豆荚被害。

（4）防治斜纹夜蛾、银纹夜蛾、地老虎、二十八星瓢虫，在卵孵化初期，用5％氟啶脲乳油1 000～1 500倍液均匀喷雾。

【注意事项】

（1）喷药时，要使药液湿润全部枝叶，以便充分发挥药效。

（2）施药时期应比有机磷类、菊酯类杀虫剂提早3天左右。

（3）防治为害叶片的害虫，应在低龄幼虫期喷药；防治钻蛀性的害虫，应在害虫产卵或卵孵化盛期喷药防治。

（4）对蚕毒性高，不可在桑园附近用药。对白菜幼苗嫩叶有药害，应避免用药。

（5）甘蓝上安全间隔期为7天。

16. 灭幼脲

【其他名称】灭幼脲3号、苏脲1号、一氯苯隆等。

【英文通用名称】chlorbenzuron

【主要剂型】20％、25％悬浮剂。

【毒性】低毒（对家蚕有毒）。

【商品药性状及作用】灭幼脲悬浮剂为白色乳状液体。灭幼脲为苯甲酰基类杀虫剂，以胃毒作用为主，兼有触杀作用，无内吸传导作用，耐雨水冲刷，田间降解速度慢，持效期15～20天，对益虫安全。该药对鳞翅目幼虫以及直翅目、鞘翅目、双翅目等害虫有很高的活性，尤其是防治对有机磷、氨基甲酸酯、拟除虫菊酯等杀虫剂已产生抗性的害虫有良好的防效。但杀虫速度较慢，一般药后3～4天见效。

【防治对象及使用方法】防治小菜蛾、菜青虫等鳞翅目害虫，在一至二龄幼虫发生初期，用25％灭幼脲悬浮剂500～1 000倍液均匀喷雾。

【注意事项】

（1）灭幼脲悬浮剂有沉淀现象，使用时要摇匀后加水稀释；喷药时要力求均匀，要使药液湿润全部枝叶，才能充分发挥药效。

（2）该剂为迟效剂，需在害虫发生早期使用。施药后3～4天始见效果。

（3）不能与碱性物质混用，贮存在阴凉处。

（4）不可在桑园及附近使用。

17. 阿维菌素

【其他名称】害极灭、齐螨素、爱福丁、杀虫丁、螨虫素等。

【英文通用名称】abamectin

【主要剂型】1.8％、2％、3.2％、5％乳油，1.8％、3％、5％微乳剂，1％、1.8％、3％、5％水乳剂，1.8％可湿性粉剂，0.5％、1％颗粒剂。

【毒性】高毒（制剂低毒，对蜜蜂、家蚕、鱼类高毒）。

【商品药性状及作用】阿维菌素是一种浅棕色的液体，为广谱杀虫、杀螨剂，对害虫、害螨有触杀和胃毒作用，对作物有渗透作用，但无杀卵作用。主要是干扰害虫的神经生理活动，从而导致害虫、害螨出现麻痹症状，不活动，不取食，经2～4天即会死亡。持效期长，对害虫为10～15天，对害螨为30～45天。在土壤中降解快，光解迅速。对作物安全，不易产生药害。

【防治对象及使用方法】

（1）防治菜青虫，平均每株有虫1头时即应防治。用1.8％阿维菌素乳油2 500～3 000倍液，均匀喷雾。

（2）防治小菜蛾，在幼龄幼虫期或卵孵盛期，用1.8％阿维菌素乳油2 500～3 000倍液，均匀喷雾。

（3）防治斑潜蝇，在幼虫低龄期，即多数被害虫道长度在2厘

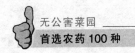
米以下时，用1.8%阿维菌素乳油2 000～2 500倍液，均匀喷雾。根据斑潜蝇特性，喷药宜在早晨或傍晚进行。

（4）防治红蜘蛛、茶黄螨等害螨，点片发生时，用1.8%阿维菌素乳油4 000～4 500倍液，均匀喷雾。

（5）防治根结线虫、韭蛆等地下害虫，防治韭蛆，用1.8%阿维菌素乳油每平方米0.8～1.2克加适量水混入塑料桶（盆），在畦口处缓缓注入灌溉水中，随水注入韭菜根部；防治根结线虫，于种植前用1.8%阿维菌素乳油每平方米1～1.5克对水沟施、穴施或喷洒土表，或每667米^{2}用1%阿维菌素颗粒剂1500～1750克，沟施或穴施，或种植后对生长期较长的受害蔬菜用1.8%阿维菌素乳油1 000～1 500倍液灌根，每株灌药液0.25千克。

【注意事项】

（1）对蜜蜂、鱼类高毒，使用时注意不要污染河流、水塘、水源和蜜蜂采蜜的花期作物。

（2）原药对高等动物高毒，但因使用剂量很低，可以保证安全。

（3）应选择阴天或傍晚用药，避免在阳光下喷施。施药时采取戴口罩等防护措施。

（4）药剂要存放在干燥、凉爽并远离火源和儿童接触不到的地方。

（5）黄瓜上安全间隔期2天，每季最多使用3次；豇豆上安全间隔期5天，每季最多使用3次；叶菜上安全间隔期7天，每季最多使用1次。

（6）出口日本的蔬菜不能使用本药。

18. 阿维·敌敌畏

【其他名称】绿菜宝、蔬服等。

【英文通用名称】abamectin·dichlorvos

【主要剂型】40%乳油。

【毒性】中毒（对鱼、蚕、蜜蜂有毒）。

【商品药性状及作用】阿维·敌敌畏是阿维菌素和敌敌畏的复配剂。对斑潜蝇的防治效果好于阿维菌素单剂。

【防治对象及使用方法】

（1）防治斑潜蝇，在低龄期用 40％阿维·敌敌畏乳油 1 000～1 500 倍液喷雾。

（2）防治十字花科蔬菜小菜蛾，在低龄幼虫期，用 40％阿维·敌敌畏乳油 1 000 倍液喷雾。

隔 7～10 天再喷 1 次。

【注意事项】

（1）不能与碱性农药混用。

（2）本药对鱼、蚕、蜜蜂有毒，使用中应注意。

19. 甲氨基阿维菌素苯甲酸盐

【英文通用名称】emamectin benzoate

【主要剂型】0.2％、0.5％、1％、2％、1.5％、5％乳油。

【毒性】中等毒（对蜜蜂和蚕有毒，对鱼类高毒）。

【商品药性状及作用】甲氨基阿维菌素苯甲酸盐为优良的杀虫、杀螨剂，高效、广谱、残效期长，阻碍害虫运动神经信息传递而使身体麻痹死亡。作用方式以胃毒为主，兼有触杀作用，对作物无内吸性能，但有效渗入施用作物表皮组织，因而具有较长残效期。刈防治棉铃虫等鳞翅目害虫、螨类、鞘翅目及同翅目害虫有极高活性，在土壤中易降解，无残留，不污染环境，在常规剂量范围内对有益昆虫及天敌、人、畜安全，可与大部分农药混用。

【防治对象及使用方法】防治甜菜夜蛾、小菜蛾、菜青虫，于卵孵化盛期或幼虫低龄期前及时施药，用 0.5％甲氨基阿维菌素苯甲酸盐乳油 2 000～3 000 倍液喷雾。

【注意事项】

（1）对鱼、虾高毒，应避免污染水源和池塘等。

（2）对蜜蜂有毒，不要在开花期施用。

（3）蚕室及桑园附近禁用。

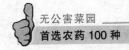
（4）不能与碱性物质混用。

（5）置于阴凉、干燥处贮存，不可在高温，尤其是烈日下存放。

（6）安全间隔期5～7天。

（7）气温过高或降雨前不宜使用本品。喷施时间最好为下午4时以后。

20. 吡虫啉

【其他名称】咪蚜胺、高巧、康福多、一遍净等。

【英文通用名称】imidacloprid

【主要剂型】10％、25％、50％、70％可湿性粉剂，20％可溶性浓剂，10％、20％可溶液剂，5％、10％、30％微乳剂，70％水分散粒剂，35％、60％悬浮剂，5％乳油，70％种子处理可分散粉剂，2％颗粒剂，5％片剂。

【毒性】低毒。叶面喷洒时对蜜蜂有危害，种子处理时无危害。

【商品药性状及作用】吡虫啉可湿性粉剂为暗灰黄色粉末。吡虫啉属吡啶环杂环类杀虫剂，杀虫谱广，有极好的内吸性，同时具有触杀和胃毒作用，持效期较长，低毒安全。对刺吸式口器害虫有较好的防治效果。该药通过与昆虫神经系统中的烟酸乙酰胆碱酯酶受体结合，从而阻断昆虫神经传导，进而造成昆虫死亡。

【防治对象及使用方法】

（1）防治蚜虫，在蚜虫点片发生期，用20％吡虫啉可溶液剂3 000～3 500倍液喷雾。

（2）防治温室白粉虱、烟粉虱，在若虫虫口上升期用药，用20％吡虫啉可溶液剂2 000～2 500倍液喷雾。

（3）防治韭蛆每667米^{2}可用2％吡虫啉颗粒剂1 000～1 500克撒施。

吡虫啉不仅可用于叶面喷雾，还适用于土壤处理、种子处理。主要防治蚜虫、蓟马、粉虱等刺吸式口器害虫，对鞘翅目、双翅目的一些害虫也有较好的防效，如潜叶蝇、潜叶蛾、黄曲条跳甲和种蝇属害虫。

【注意事项】

（1）尽管本药低毒，使用时仍需注意安全。

（2）施药时需注意防护，防止接触皮肤和吸入药粉药雾，施药后用肥皂和清水清洗手和身体暴露部位。

（3）不要与碱性农药混用，不宜在强阳光下喷雾使用，以免降低药效。

（4）为避免出现结晶，使用时应先在药筒中加水，再放药剂。

（5）不能用于防治线虫和螨类。

（6）甘蓝上安全间隔期7天，每季最多使用2次；番茄上安全间隔期3天，每季最多使用2次。

21. 氟虫脲

【其他名称】卡死克等。

【英文通用名称】flufenoxuron

【主要剂型】5％可分散液剂。

【毒性】低毒（对家蚕有毒）。

【商品药性状及作用】氟虫脲是酰基脲类杀虫、杀螨剂，有触杀和胃毒作用。该药通过抑制昆虫表皮几丁质的合成，使昆虫不能正常蜕皮或变态而死亡。成虫接触药后，产的卵即使孵化幼虫也会很快死亡。对若螨效果好，不能直接杀死成螨，只能减少雌成螨的产卵量，从而使卵不育或所产的卵不孵化。适用于防治对常用农药已产生抗性的害虫。能防治鳞翅目、鞘翅目、双翅目、螨类等害虫。杀虫、杀螨作用缓慢，施药后须经10天左右药效才明显上升。对叶螨天敌安全，是较理想的选择性杀螨剂。

【防治对象及使用方法】

（1）防治小菜蛾，在叶菜苗期或生长前期，一至二龄幼虫盛发期，或叶菜生长中后期，或莲座后期至包心期，二至三龄幼虫盛发期，用5％氟虫脲可分散液剂1 000～1 500倍液喷雾。防治对菊酯类已产生抗性的小菜蛾也有良好效果。

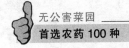

（2）防治菜青虫，在二龄幼虫高峰期至三龄幼虫占 20％时，用 5％氟虫脲可分散液剂 1 500～2 000 倍液喷雾。

（3）防治豆荚螟，在菜豆、豇豆的开花盛期，卵孵始盛期，每公顷用 5％氟虫脲可分散液剂 750～1 125 毫升，对水 750～1 050 千克喷雾。最好在早晨和傍晚花瓣展开时用药，隔 10 天再喷 1 次，全期共喷 2 次，可有效防止豆荚被害。

（4）防治茄子红蜘蛛，在若螨发生盛期，平均每叶有螨 2～3 头时，用 5％氟虫脲可分散液剂 1 000～1 500 倍液喷雾。

【注意事项】

（1）喷药时应力求均匀周到。

（2）施药时间应较一般杀虫剂提前 3 天左右。对于钻蛀性害虫，宜在卵孵盛期，幼虫蛀入蔬菜之前施药。对于害螨宜在幼若螨盛发期施药。

（3）不要与碱性农药混用。间隔使用时，最好先喷氟虫脲防治叶螨，10 天后再喷波尔多液防治病害。若倒过来使用，间隔期要更长些。

（4）不宜在桑园及水源附近施药。不宜用塑料容器存放本药剂。

22. 除虫脲

【其他名称】敌灭灵、伏虫脲、氟脲杀、灭幼脲等。

【英文通用名称】diflubenzuron

【主要剂型】5％、25％可湿性粉剂，20％悬浮剂，5％乳油。

【毒性】低毒（对家蚕有毒）。

【商品药性状及作用】除虫脲悬浮剂为白色可流动液体，可湿性粉剂为白色至浅黄色粉末。除虫脲为苯甲酰脲类昆虫生长调节剂，有胃毒和触杀作用，抑制昆虫几丁质合成，使昆虫不能正常蜕皮，致虫体畸形而死。对有益生物如鸟、鱼、虾、青蛙、蜜蜂、瓢虫、步甲、蜘蛛、草蛉、赤眼蜂、蚂蚁、寄生蜂等无不良影响。对鳞翅目、鞘翅目、双翅目等多种害虫有效。在有效用量下对植物无药害，对害虫药效缓慢。

【防治对象及使用方法】

（1）防治菜青虫、小菜蛾、甜菜夜蛾、斜纹夜蛾等害虫，于卵孵化盛发期至一至二龄幼虫盛期，用20％除虫脲悬浮剂1 500～2 000倍液或25％除虫脲可湿性粉剂1 000倍液喷雾。

（2）防治棉铃虫，用20％除虫脲悬浮剂1 000倍液喷雾。

【注意事项】

（1）应在幼虫低龄期或卵期施药，施药要均匀。

（2）不能与碱性物质混用。

（3）不要在桑园及其附近使用。

（4）在甘蓝上安全间隔期7天。

23. 丁醚脲

【其他名称】宝路、杀螨脲等。

【英文通用名称】diafenthiuron

【主要剂型】25％乳油，50％可湿性粉剂，25％、50％悬浮剂，10％微乳剂。

【毒性】低毒（对蜜蜂、鱼有毒）。

【商品药性状及作用】丁醚脲可湿性粉剂为白色至浅米色细粉末。丁醚脲为硫脲类新型杀虫、杀螨剂，有触杀和胃毒作用。该药主要干扰害虫的神经系统，破坏其基本功能。施药后作用缓慢，3天后显现防效，5天后药效最好。在阳光下杀虫作用强，因此在棚室内的防治效果不如露地显著。

【防治对象及使用方法】

（1）防治小菜蛾，于卵孵化盛发期至一至二龄幼虫盛期，用50％丁醚脲可湿性粉剂1 000～2 000倍液喷雾，隔7天再喷1次防治效果好。

（2）防治菜青虫，用50％丁醚脲可湿性粉剂2 000倍液喷雾。

【注意事项】

（1）对蜜蜂、鱼有毒，使用时应注意。

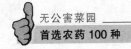
（2）无杀卵作用，由于盛发期小菜蛾世代重叠，所以必须3～5天喷1次药，以消灭药后孵出的幼虫。

24. 氟铃脲

【其他名称】盖虫散等。

【英文通用名称】hexaflumuron

【主要剂型】5％乳油，4.5％悬浮剂，5％微乳剂，20％水分散粒剂。

【毒性】低毒（对家蚕、鱼有毒，对蜜蜂、鸟低毒）。

【商品药性状及作用】氟铃脲为苯甲酰脲类昆虫生长调节剂，有胃毒、触杀作用。抑制昆虫几丁质合成。有很高的杀虫和杀卵活性，击倒力强，作用迅速。对棉铃虫属害虫有特效，对甜菜夜蛾、斜纹夜蛾等夜蛾科害虫也有较好效果，对螨无效。

【防治对象及使用方法】

（1）防治棉铃虫、甜菜夜蛾，用5％氟铃脲乳油1 500～2 000倍液喷雾。

（2）防治菜青虫，用5％氟铃脲乳油2 000～3 000倍液喷雾。

（3）防治小菜蛾，在卵孵化盛期至一、二龄幼虫盛发期，用5％氟铃脲乳油1 000倍液均匀喷雾。

【注意事项】

（1）田间作物虫、螨并发时，应加杀螨剂使用，使用时要喷洒均匀。

（2）宜在害虫低龄期（一至二龄）施药，防治钻蛀性害虫宜在卵孵盛期施用。

（3）不要在桑园、鱼塘等地及其附近使用。

25. 啶虫脒

【其他名称】莫比朗等。

【英文通用名称】acetamiprid

【主要剂型】3％、5％、10％乳油，20％、40％可溶粉剂，

5％、10％、15％、60％可湿性粉剂，3％、5％、10％微乳剂，40％、50％、70％水分散粒剂，10％、20％、30％可溶液剂。

【毒性】低毒（对桑蚕有毒）。

【商品药性状及作用】啶虫脒乳油为淡黄色液体。啶虫脒为吡啶类杀虫剂，有触杀和较强渗透作用。残效期长，可达20天左右。对人、畜低毒，对天敌杀伤力小。对蔬菜蚜虫有较好的防治效果。由于作用机制独特，能防治对现有药剂有抗性的蚜虫。

【防治对象及使用方法】

（1）防治蚜虫，在点片发生期，用3％啶虫脒乳油1 000～2 000倍液喷雾。

（2）防治小菜蛾，用3％啶虫脒乳油1 000～1 500倍液喷雾。

（3）防治白粉虱，用3％啶虫脒乳油1 000～2 000倍液喷雾。

【注意事项】

（1）对桑蚕有毒，切勿喷洒在桑树上。

（2）不能与碱性物质混用（如波尔多液、石硫合剂）。

26. 虫螨腈

【其他名称】除尽、溴虫腈、氟唑虫清等。

【英文通用名称】chlorfenapyr

【主要剂型】10％微乳剂，10％、240克/升悬浮剂。

【毒性】低毒（对鱼有毒）。

【商品药性状及作用】虫螨腈悬浮剂为白色至棕黄色悬浮液体。虫螨腈为新型吡咯类杀虫、杀螨剂。有胃毒和触杀作用，在植物叶面渗透性强，有一定的内吸作用，对作物安全。可有效防治对氨基甲酸酯类、有机磷酸酯类和拟除虫菊酯类杀虫剂产生抗性的昆虫和害螨。防治小菜蛾有效果好、持效期较长、用药量低等优点。

【防治对象及使用方法】

（1）防治小菜蛾、甜菜夜蛾，在一至二龄幼虫盛发期，用10％虫螨腈悬浮剂1 200～1 500倍液喷雾。同时对蚜虫也有兼治作用。

59

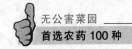
（2）防治蓟马、紫砂叶螨，用10％虫螨腈悬浮剂1 000～1 500倍液喷雾。

【注意事项】

（1）对人、畜有害，使用过的器皿须用水清洗3次后埋掉，不要污染水源。

（2）对鱼有毒，使用时避免污染鱼塘。

（3）安全保管，远离热源、火源，避免冻结。

（4）只限在登记作物上使用，应与其他不同作用方式的药剂轮用，不要与其他杀虫剂混用。

（5）在甘蓝上安全间隔期14天，每季作物使用该药不超过2次。

27. 虫酰肼

【其他名称】米满等。

【英文通用名称】tebufenozide

【主要剂型】20％悬浮剂，20％可湿性粉剂，10％乳油。

【毒性】低毒（对鱼和水生脊椎动物有毒，对蚕高毒）。

【商品药性状及作用】虫酰肼纯品为灰白色粉末。虫酰肼为非甾族新型昆虫生长调节剂。有促进鳞翅目幼虫蜕皮作用，幼虫取食后6～8小时，即停止取食，不再为害作物，并产生蜕皮反应，开始蜕皮。由于不能正常蜕皮导致幼虫脱水、饥饿而死亡。对鳞翅目幼虫有极高的选择性，持效期长，对作物安全。

【防治对象及使用方法】防治甜菜夜蛾、菜青虫、斜纹夜蛾等，在卵孵化盛期至幼虫一、二龄盛发期时，用20％虫酰肼悬浮剂1 500～2 000倍液喷雾。

【注意事项】

（1）本药剂对卵的效果较差，施用时应注意掌握在卵发育末期或幼虫发生初期喷施。

（2）施药时应戴手套，避免药物溅到眼睛和皮肤，施药时严禁吸烟和饮食，施药后要用肥皂和清水彻底清洗。

（3）对鱼和水生脊椎动物有毒，对蚕高毒，避免污染水源，在蚕、桑地区禁止使用此药。

28. 甲氧虫酰肼

【其他名称】美满等。

【英文通用名称】methoxyfenozide

【主要剂型】24％悬浮剂。

【毒性】低毒（对家蚕有毒）。

【商品药性状及作用】甲氧虫酰肼纯品为白色粉末。甲氧虫酰肼为仿生型昆虫生长调节剂，是蜕皮激素类杀虫剂，抑制昆虫取食，干扰昆虫的正常生长发育使害虫蜕皮而死。杀虫活性是虫酰肼的2倍以上。

【防治对象及使用方法】防治甜菜夜蛾、菜青虫等，在卵孵化盛期至幼虫一、二龄盛发期，用24％甲氧虫酰肼悬浮剂2 000～3 000倍液喷雾。叶片正反两面应喷雾均匀，傍晚施药效果更好，防治高龄幼虫时，应适当增加用药量。

【注意事项】参见虫酰肼。

29. 灭蝇胺

【其他名称】潜克等。

【英文通用名称】cyromazine

【主要剂型】30％、50％、75％、80％可湿性粉剂，10％、30％悬浮剂，60％、80％水分散粒剂，20％、50％、75％可溶粉剂。

【毒性】低毒（对鱼有毒）。

【商品药性状及作用】灭蝇胺纯品为无色结晶。灭蝇胺是三嗪类特异性昆虫生长调节剂，有强内吸传导作用。对双翅目幼虫和蛹有特殊活性，可诱发产生畸变，成虫羽化不全或受抑制。

【防治对象及使用方法】防治蔬菜斑潜蝇，于发生初期、当叶片被害率（潜道）达5％时，用75％灭蝇胺可湿性粉剂3 000倍

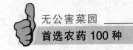
液，或 10％灭蝇胺悬浮剂 800 倍液均匀喷施到叶片正面和背面，隔 7～10 天，连续喷 2～3 次。

【注意事项】

（1）本药对幼虫防效好，对成蝇效果较差，要掌握施药适期，保证喷雾质量。

（2）对皮肤有刺激作用，使用时应注意安全保护。

（3）使用前先摇匀药剂，再取适量对水稀释。

（4）在多年使用阿维菌素防效下降的地区，可用本药交替或轮换使用。

30. 噻虫嗪

【其他名称】阿克泰、快胜等。

【英文通用名称】thiamethoxam

【主要剂型】25％水分散粒剂，21％悬浮剂，25％可湿性粉剂。

【毒性】低毒（对蜜蜂有毒）。

【商品药性状及作用】噻虫嗪水分散粒剂为褐色颗粒。噻虫嗪是一种新型的高效低毒广谱杀虫剂，是第二代新烟碱类杀虫剂。作用机理与吡虫啉等第一代新烟碱类杀虫剂相似，但具有更高的活性。有胃毒、触杀、内吸作用，作用速度快、持效期长。对刺吸式害虫如蚜虫、飞虱、叶蝉、粉虱等防效较好。

【防治对象及使用方法】

（1）防治蚜虫，用 25％噻虫嗪水分散粒剂 6 000～8 000 倍液喷雾。

（2）防治白粉虱、烟粉虱、蓟马，用 25％噻虫嗪水分散粒剂 5 000～6 000 倍液喷雾。

25％噻虫嗪水分散粒剂在作物苗期灌根比栽后喷雾防治烟粉虱、瓜蓟马防效明显，而且有促进作物生长作用，移栽前 2～3 天苗期用 1 500～2 500 倍液灌根。

【注意事项】

（1）勿让儿童接触本品，加锁保存。不能与食品、饲料存放一起。避免在低于－10℃和高于35℃储存。

（2）对蜜蜂有毒。

（3）害虫停止取食后，死亡速度较慢，通常在施药后2～3天出现死亡高峰期。

31. 多杀霉素

【其他名称】菜喜、催杀、多杀菌素等。

【英文通用名称】spinosad

【主要剂型】2.5％、5％、10％、48％悬浮剂，10％、20％水分散粒剂，2.5％、8％水乳剂。

【毒性】低毒（对蜜蜂高毒，对水生节肢动物有毒）。

【商品药性状及作用】多杀霉素悬浮剂为灰白色悬浮液体，其有效成分是放线菌的发酵提取物，作用于昆虫的中枢神经系统，影响其正常生长发育，对昆虫有胃毒和触杀作用。

【防治对象及使用方法】

（1）防治菜青虫、小菜蛾，在卵孵化盛期至幼虫一、二龄盛发期，用2.5％多杀霉素悬浮剂1 000～1 500倍液喷雾。

（2）防治甜菜夜蛾，在低龄幼虫（一至二龄）盛发期，用2.5％多杀霉素悬浮剂800～1 000倍液喷雾，傍晚施药效果更佳。

（3）防治蓟马，在发生初期用2.5％多杀霉素悬浮剂1 000～1 500倍液喷雾，重点喷洒花、幼果、顶尖及嫩梢等幼嫩组织。

防治时喷湿作物叶面、叶背及心叶，连续施用多杀霉素2次效果更好，为了延缓抗药性的产生，每季节施用2次后应转换其他类型杀虫剂。

【注意事项】

（1）对蜜蜂高毒，应避免直接施用于开花期的蜜源植物上，避开养蜂场所，最好在黄昏时期施药。

（2）对水生节肢动物有毒，应避免污染河川、水源。

（3）安全间隔期为1天。避免喷药后24小时内遇雨。

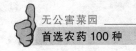
32. 乙基多杀菌素

【其他名称】 乙基多杀菌素-J、乙基多杀菌素-L 等。

【英文通用名称】 spinetoram

【主要剂型】 60 克/升悬浮剂。

【毒性】 微毒（对蜜蜂高毒，对家蚕剧毒）。

【商品药性状及作用】 乙基多杀菌素是从放线菌刺糖多孢菌发酵产生的，乙基多杀菌素原药的有效成分由乙基多杀菌素-J 和乙基多杀菌素-L 两种组分组成。乙基多杀菌素悬浮剂外观为带霉味的棕褐色液体。乙基多杀菌素属刺糖菌素类植物源杀虫剂，作用于昆虫神经中烟碱型乙酰胆碱受体和 γ-氨基丁酸受体，致使虫体对兴奋性或抑制性的信号传递反应不敏感，影响正常的神经活动，直至死亡。乙基多杀菌素有胃毒和触杀作用，杀虫谱广、杀虫活性高、对人畜毒性低，主要用于防治鳞翅目害虫（小菜蛾、甜菜夜蛾）及缨翅目害虫（蓟马）。

【防治对象及使用方法】

（1）防治小菜蛾，在卵孵化盛期至幼虫一、二龄盛发期，用乙基多杀菌素 60 克/升悬浮剂 2 000～2 500 倍液喷雾。

（2）防治甜菜夜蛾，在低龄幼虫（一至二龄）盛发期，用乙基多杀菌素 60 克/升悬浮剂 1 500～2 500 倍液喷雾，傍晚施药效果更佳。

（3）防治蓟马，在发生初期用乙基多杀菌素 60 克/升悬浮剂 1 500～2 500 倍液喷雾，重点喷施花、幼果、顶尖及嫩梢等幼嫩组织部位。

本药速效性一般，持效时间为 7 天左右。建议与其他作用机理不同的杀菌剂轮换使用，延缓抗药性产生。

【注意事项】

（1）使用本药剂时，应注意在蜜源作物花期禁用，施药期间应密切关注对附近蜂群的影响；远离河塘等水体施药，禁止在河塘内清洗施药器具；蚕室及桑园附近禁用。

（2）安全间隔期为 7 天，每季施药次数不超过 3 次。

33. 茚虫威

【其他名称】安打、安美等。

【英文通用名称】indoxacarb

【主要剂型】15％、30％悬浮剂，15％、30％水分散粒剂，150克/升乳油。

【毒性】低毒（对家蚕有毒）。

【商品药性状及作用】茚虫威悬浮剂为乳白色液体。茚虫威主要是阻断害虫神经细胞中的钠通道，导致靶标害虫协调差、麻痹，最终死亡。以胃毒作用为主，兼有触杀作用，通过触杀和摄食进入虫体，害虫迅速中止取食。与其他杀虫剂无交互抗性。耐雨水冲刷。

【防治对象及使用方法】防治小菜蛾、甜菜夜蛾、菜青虫，在卵孵化盛期至幼虫一、二龄盛发期，用 15％茚虫威悬浮剂 3 800～4 000 倍液，均匀喷雾。对蔬菜植株顶尖及叶片正反两面喷雾，喷药间隔 5～7 天。

【注意事项】

（1）应先将药剂配制成母液，搅拌均匀后稀释。

（2）与其他杀虫剂交替使用，每季节作物使用本药不要超过3次。

（3）在大多数蔬菜上安全间隔期 3 天，番茄上安全间隔期 5 天。

34. 抑食肼

【其他名称】虫死净等。

【主要剂型】20％可湿性粉剂。

【毒性】中毒（对家蚕有毒）。

【商品药性状及作用】抑食肼可湿性粉剂为浅土色粉末。抑食肼是一种新型的昆虫生长调节剂，主要通过降低或抑制幼虫和成虫取食能力，加速蜕皮，减少产卵，阻碍昆虫繁殖而达到杀虫作用。

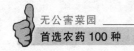
以胃毒作用为主，也有强的内吸性，杀虫谱广，对鳞翅目、鞘翅目、双翅目等害虫有较好防效。速效较差，施药后 48 小时见效，持效期较长。对刺吸式口器害虫蚜虫等无效。

【防治对象及使用方法】

（1）防治菜青虫、斜纹夜蛾，在低龄幼虫期用 20％抑食肼可湿性粉剂 800～1 000 倍液，均匀喷雾。

（2）防治小菜蛾，在卵孵化高峰期至低龄幼虫盛发期，用 20％抑食肼可湿性粉剂 400～500 倍液，均匀喷雾。

【注意事项】

（1）本药速效性差，施药后 2～3 天后才见效，应在害虫初发期使用效果更好。

（2）不能与碱性物质混用。

（3）蔬菜收获前 10 天内停止使用。

35. 吡丙醚

【其他名称】灭幼宝、蚊蝇醚等。

【英文通用名称】pyriproxyfen

【主要剂型】10％乳油，5％微乳剂。

【毒性】低毒。

【商品药性状及作用】吡丙醚属苯醚类昆虫生长调节剂，是一种保幼激素类型的几丁质合成抑制剂，有强烈的杀卵作用，还有内吸转移活性，可作用隐藏在叶片后面的幼虫，影响昆虫的蜕变和繁殖。可用于防治同翅目、缨翅目、双翅目、鳞翅目害虫。对斜纹夜蛾的毒理试验表现：吡丙醚在血淋巴中高浓度的存留，加速昆虫前胸腺向性激素的分泌；另一方面，由于吡丙醚能使昆虫缺少产卵所需的刺激因素，抑制胚胎发育及卵的孵化，或生产没有生活能力的卵，从而有效地控制并达到害虫防治的目的。

【防治对象及使用方法】

（1）防治粉虱，用 10％吡丙醚乳油 750～1 000 倍液，均匀喷雾。对于世代重叠严重（成虫、若虫、卵）且虫口基数高的田块，可每 667 米^2 用 10％吡丙醚乳油 60 毫升加 25％噻嗪酮可湿性粉剂 45 克加 10％烯啶虫胺水剂 60 毫升，对水 45～60 升，每隔 5～7 天，连续防治 2～3 次。

（2）防治小菜蛾，可用 10％吡丙醚乳油 500 倍液喷雾，叶片正反面均要喷到，以提高触杀效果。

【注意事项】注意轮换用药。

36. 烯啶虫胺

【英文通用名称】nitenpyram

【主要剂型】10％水剂，10％可溶液剂，50％可溶粒剂，20％水分散粒剂，20％可湿性粉剂。

【毒性】低毒（对蜜蜂、家蚕高毒）。

【商品药性状及作用】烯啶虫胺属烟酰亚胺类杀虫剂，主要作用于昆虫神经，对昆虫的轴突触受体具有神经阻断作用。有内吸和渗透作用，用量少，毒性低，持效期长，对作物安全无药害，广泛应用于园艺和农业上防治同翅目和半翅目害虫，持效期可达 14 天左右。

【防治对象及使用方法】

（1）防治蔬菜烟粉虱、温室白粉虱，用 10％烯啶虫胺水剂 2 000～3 000 倍液，均匀喷雾。对于世代重叠严重（成虫、若虫、卵）且虫口基数高的田块，可每 667 米^2 用 10％吡丙醚乳油 60 毫升加 25％噻嗪酮可湿性粉剂 45 克加 10％烯啶虫胺水剂 60 毫升，对水 45～60 升，每隔 5～7 天，连续防治 2～3 次。

（2）防治蔬菜蚜虫、蓟马，用 10％烯啶虫胺可溶液剂稀释 3 000～4 000 倍液，均匀喷雾。

【注意事项】

（1）对桑蚕、蜜蜂高毒，在使用过程中不可污染蚕桑及蜂场。

（2）不可与碱性农药及碱性物质混用。

（3）贮运时，严防潮湿和日晒。

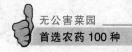
37. 溴氰虫酰胺

【其他名称】倍内威等。

【英文通用名称】cyantraniliprole

【主要剂型】10％可分散油悬浮剂。

【毒性】低毒（对家蚕有毒）。

【商品药性状及作用】溴氰虫酰胺可分散油悬浮剂为轻微白色液体，有油腻气味。溴氰虫酰胺属于邻氨基苯甲酰胺类杀虫剂，通过激活靶标害虫的鱼尼丁受体，释放横纹肌和平滑肌细胞内贮存的钙离子，导致害虫麻痹死亡。对鳞翅目害虫和刺吸式害虫均有较好的防治效果。对哺乳动物和害虫鱼尼丁受体有极显著的选择性差异，提高了对哺乳动物、其他脊椎动物以及天敌的安全性。

【防治对象及使用方法】

（1）防治大葱美洲斑潜蝇，每667米²用10％溴氰虫酰胺可分散油悬浮剂14～24毫升，对水喷雾。

（2）防治甜菜夜蛾、斜纹夜蛾、小菜蛾、菜青虫，每667米²用10％溴氰虫酰胺可分散油悬浮剂10～14毫升，对水喷雾。

（3）防治大葱蓟马，每667米²用10％溴氰虫酰胺可分散油悬浮剂18～24毫升，对水喷雾。

（4）防治小白菜黄条跳甲，每667米²用10％溴氰虫酰胺可分散油悬浮剂24～28毫升，对水喷雾。

【注意事项】禁止在蚕室及桑园附近使用。

38. 氟苯虫酰胺

【其他名称】氟虫双酰胺、龚歌等。

【英文通用名称】flubendiamide

【主要剂型】20％水分散粒剂，10％悬浮剂。

【毒性】低毒（对家蚕有毒）。

【商品药性状及作用】氟苯虫酰胺原药外观为白色结晶粉末，无特殊气味；制剂外观为褐色水分散颗粒。氟苯虫酰胺属新型邻苯二甲酰胺类杀虫剂，是目前为数不多的作用于昆虫细胞兰尼碱（Ryanodine）受体的化合物，激活兰尼碱受体细胞内钙释放通道，导致贮存钙离子的失控性释放。对鳞翅目害虫有广谱防效，与现有杀虫剂无交互抗性产生，适宜于对现有杀虫剂产生抗性的害虫的防治。对幼虫防效好，对成虫防效有限，没有杀卵作用。渗透进入植株体内后通过木质部略有传导。耐雨水冲刷。

【防治对象及使用方法】防治蔬菜小菜蛾、甜菜夜蛾，用20％氟苯虫酰胺水分散粒剂2 000～3 000倍液喷雾。

【注意事项】禁止在蚕室及桑园附近使用。

39. 氯虫苯甲酰胺

【英文通用名称】chlorantraniliprole

【主要剂型】35％水分散粒剂，5％、20％悬浮剂。

【毒性】微毒（对鸟、鱼和蜜蜂低毒，对家蚕高毒）。

【商品药性状及作用】氯虫苯甲酰胺属邻甲酰氨基苯甲酰胺类杀虫剂。作用方式为胃毒和接触毒性，胃毒为主要作用方式。作用机制主要是激活兰尼碱受体，释放平滑肌和横纹肌细胞内贮存的钙离子，引起肌肉调节衰弱，麻痹，直至最后害虫死亡。对哺乳动物和其他脊椎动物安全。有很强的渗透性和内吸传导性，耐雨水冲刷。

【防治对象及使用方法】防治甜菜夜蛾、小菜蛾，用5％氯虫苯甲酰胺悬浮剂1 000倍液，于卵孵化高峰期进行均匀喷雾防治，若发生较严重，间隔7天，再重复喷药1次。

【注意事项】

（1）禁止在蚕室及桑园附近使用；禁止在河塘等水域中清洗施药器具；蜜源作物花期禁用。

（2）当气温高、田间蒸发量大时，应选择早上10时以前，下午4时以后用药，这样不仅可以减少用药液量，也可以更好地增加作物的受药液量和渗透性，有利于提高防治效果。

（3）为避免产生抗药性，一季作物或一种害虫宜使用2～3次，

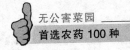

每次间隔时间在 15 天以上。

（4）在甘蓝上安全间隔期 1 天，每季最多使用 3 次。

40. 噻虫胺

【英文通用名称】clothianidin

【主要剂型】50％水分散粒剂。

【毒性】低毒（对蜜蜂接触高毒，对鸟、鱼中等毒，对家蚕剧毒）。

【商品药性状及作用】噻虫胺原药外观为结晶固体粉末，50％水分散粒剂外观为淡褐色类似沙粒状的固体颗粒。噻虫胺属于新烟碱类杀虫剂，作用机理是结合位于神经后突触的烟碱乙酰胆碱受体。有触杀、胃毒和内吸活性。适用于叶面喷雾、土壤处理。

【防治对象及使用方法】防治番茄烟粉虱，于发生初期每 667 米^2 用 50％噻虫胺水分散粒剂 6～8 克，对水喷雾。

【注意事项】

（1）使用时应注意，蜜源作物花期禁用，施药期间密切关注对附近蜂群的影响；禁止在河塘等水域中清洗施药器具；蚕室及桑园附近禁用。

（2）每季最多使用 3 次，安全间隔期为 7 天。

41. 呋虫胺

【其他名称】呋啶胺、护瑞等。

【英文通用名称】dinotefuran

【主要剂型】20％可溶粒剂。

【毒性】低毒。

【商品药性状及作用】呋虫胺纯品为白色晶体，属于第三代烟碱类杀虫剂。主要作用于昆虫神经传递系统，使害虫麻痹，从而发挥杀虫作用。有触杀、胃毒作用，还有较强的内吸传导性，施药后药液能快速传导至整个植株，保护作物免受侵害。持效期长、杀虫谱广，对刺吸式口器害虫防效好。

【防治对象及使用方法】

（1）防治保护地黄瓜白粉虱，每 667 米² 可用 20％呋虫胺可溶粒剂 30～50 克，对水 45～60 升，喷雾。

（2）防治保护地黄瓜蓟马，每 667 米² 可用 20％呋虫胺可溶粒剂 20～40 克，对水 45～60 升，喷雾。

42. 噻唑膦

【其他名称】地威刚、福气多等。

【英文通用名】fosthiazate

【主要剂型】10％颗粒剂，75％乳油，20％水乳剂。

【毒性】低毒（对蚕有毒。）

【商品药性状及作用】噻唑膦颗粒剂为深橘红色颗粒。噻唑膦为非熏蒸性的有触杀及内吸传导性能的新型杀线虫剂。杀线虫范围广，对根结线虫、根腐线虫、茎线虫、胞囊线虫等有较好防效。对线虫的运动有阻害，在植物中有传导作用，能防治线虫侵入植物体内，对已侵入植物体内的线虫也能杀死。同时对地上部的害虫，如蚜虫、叶螨、蓟马等也有兼治效果。持效期长，一年生作物 2～3 个月，多年生作物 4～6 个月。对人、畜安全，对环境无污染。

【防治对象及使用方法】防治黄瓜、番茄根结线虫，在移栽前进行土壤施药，用 10％噻唑膦颗粒剂每公顷 22.5～30 千克拌细砂或细土 450～750 千克均匀撒于土表，再旋耕土层 20 厘米，使药剂和土壤充分混合。

【注意事项】

（1）使用方法不当，超量使用或土壤水分过多时容易引起药害，请按推荐剂量正确使用。

（2）对蚕有毒，注意不要将药液飞散到桑园。

（3）施药时，要穿好防护服，施药后立即清洗裸露皮肤。

43. 噻螨酮

【其他名称】尼索朗等。

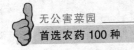
【英文通用名称】hexythiazox

【主要剂型】5％乳油，5％可湿性粉剂，5％水乳剂。

【毒性】低毒（对鱼类有毒）。

【商品药性状及作用】噻螨酮乳油为淡黄色或浅棕色液体，可湿性粉剂为灰白色粉剂。噻螨酮为噻唑烷酮类新型杀螨剂，对植物表皮层具有较好的穿透性，但无内吸传导作用，对杀灭害螨的卵、幼螨、若螨有特效，对成螨无效，但对接触到药液的雌成螨产的卵具有抑制孵化作用。该药属于非感温型杀螨剂，在高温和低温使用的效果无显著差异，残效期长，药效可保持 50 天左右。由于没有杀成螨活性，所以药效发挥较迟缓。该药对叶螨防效好于对锈螨和瘿螨防效。在常用浓度下对作物安全，对天敌、捕食螨和蜜蜂基本无影响。可与波尔多液、石硫合剂等多种农药混用。

【防治对象及使用方法】在茶黄螨、红蜘蛛等害螨点片发生时，用 5％噻螨酮乳油或 5％噻螨酮可湿性粉剂 1 500～2 000 倍液，均匀喷雾。

【注意事项】

（1）该药对成螨无杀伤作用，要掌握好防治适期，应比其他杀螨剂要稍早些使用。

（2）要注意交替用药，浓度不能高于 600 倍液。

（3）不宜和拟除虫菊酯、二嗪磷、甲噻硫磷混用。

（4）在蔬菜收获前 30 天停止使用，1 年内最好只使用 1 次。

44. 炔螨特

【其他名称】奥美特、克螨特等。

【英文通用名称】propargite

【主要剂型】40％、57％、73％乳油，40％微乳剂，20％、40％、50％水乳剂。

【毒性】低毒（对鱼类、捕食螨有毒）。

【商品药性状及作用】炔螨特乳油为浅至黑棕色黏性液体。炔螨特为低毒广谱性有机硫杀螨剂，有触杀和胃毒作用，无内吸和渗透传导作用。对成螨、若螨有效，杀卵效果差。该药在温度20℃以上条件下药效可提高，但在20℃以下随低温递降。对多数天敌较安全。

【防治对象及使用方法】防治红蜘蛛、茶黄螨等害螨，用73%炔螨特乳油2 000～3 000倍液喷雾。

【注意事项】

（1）高温、高湿下，本药对某些作物的幼苗和新梢嫩叶有药害。对25厘米以下的瓜、豆等，73%乳油的稀释倍数不宜低于3 000倍。在嫩小作物上使用时要严格控制浓度，过高易发生药害。

（2）西瓜上安全间隔期不少于8天，每季最多使用2次；葡萄上安全间隔期不少于20天，每季最多使用3次。

45. 双甲脒

【其他名称】螨克、胺三氮螨、阿米德拉兹、果螨杀、杀伐螨等。

【英文通用名称】amitraz

【主要剂型】10%、12.5%、20%乳油。

【毒性】中毒（对鱼类高毒，对捕食螨有毒）。

【商品药性状及作用】双甲脒乳油为黄色液体。双甲脒为广谱杀螨剂，有触杀、拒食、驱避作用，也有一定的胃毒、熏蒸和内吸作用。主要抑制单胺氧化酶的活性，对叶螨各个发育阶段的虫态都有效，但对越冬的卵效果较差，防治对其他杀螨剂有抗药性的螨也有效，药后能较长时期地控制害螨数量的回升。

【防治对象及使用方法】防治红蜘蛛，在发生初期，平均每叶有螨2～3头时或有螨株率达5%以上时，用20%双甲脒乳油1 000～2 000倍液，均匀喷雾。

【注意事项】

（1）20℃以下施药效果差。

（2）不宜与碱性农药（如波尔多液等）混用。

（3）本药为中毒杀螨剂，使用时要注意防护。

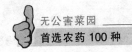
46. 螺虫乙酯

【其他名称】亩旺特等。

【英文通用名称】spirotetramat

【英文别名】Movento

【主要剂型】22.4%悬浮剂。

【毒性】低毒。

【商品药性状及作用】螺虫乙酯原药外观为白色粉末，无特别气味，22.4%悬浮剂为具芳香味的白色悬浮液。螺虫乙酯属于季酮酸类杀虫、杀螨剂，通过干扰昆虫的脂肪生物合成导致幼虫死亡，降低成虫的繁殖能力。有内吸和较强的双向传导作用，持效期长，高效广谱，适合防治刺吸式口器害虫。可有效防治对现有杀虫剂产生抗性的害虫，可作为烟碱类杀虫剂的替代药剂。对烟粉虱卵和若虫效果好，但对烟粉虱成虫防治效果不理想。

【防治对象及使用方法】防治番茄烟粉虱，于发生初期用22.4%螺虫乙酯悬浮剂2 000～2 500倍液喷雾。

【注意事项】应与其他农药轮换使用，尽量避免抗药性的产生。

47. 螺螨酯

【其他名称】螨危、螨威多等。

【英文通用名称】spirodiclofen

【主要剂型】240克/升悬浮剂。

【毒性】低毒。

【商品药性状及作用】螺螨酯原药为白色粉状。螺螨酯属于新型季酮酸类杀螨剂，可抑制螨体内的脂肪合成，阻断螨的能量代谢，最终杀死害螨。对螨的各个发育阶段都有效，包括卵。具触杀作用，但没有内吸性。与现有杀螨剂之间无交互抗性，适用于防治对现有杀螨剂产生抗性的有害螨类。

【防治对象及使用方法】防治红蜘蛛等害螨，当红蜘蛛虫口密度达到防治指标时，用24%螺螨酯悬浮剂4 000～6 000倍液喷雾。

施药时要尽可能喷雾均匀，确保药液喷施到叶片正反两面，最大限度地发挥药效。

为害成螨数量已相当大时，由于螺螨酯杀卵及幼螨的特性，建议与速效性好、残效短的杀螨剂，如阿维菌素等混合使用，既能快速杀死成螨，又能长时间控制害螨虫口数量的恢复。

【注意事项】

（1）忌与强碱性农药与铜制剂混用。

（2）要避开果树开花时用药。

（3）在一个生长季，使用次数最多不超过两次。

48. 苏云金杆菌

【其他名称】Bt、敌宝、包杀敌、快来顺等。

【英文通用名称】bacillus thuringiensis

【主要剂型】2 000 国际单位/微升、4 000 国际单位/微升、8 000国际单位/微升悬浮剂，8 000 国际单位/毫克、16 000 国际单位/毫克、32 000 国际单位/毫克可湿性粉剂，4 000 国际单位/毫克、8 000 国际单位/毫克粉剂，16 000 国际单位/毫克水分散粒剂。

【毒性】低毒（对家蚕毒性高）。

【商品药性状及作用】苏云金杆菌可湿性粉剂为浅灰色。苏云金杆菌为生物源杀虫剂，胃毒作用为主。苏云金杆菌可产生内毒素和外毒素，内毒素起主要作用，在昆虫的碱性中肠内，可使肠道在几分钟内即麻痹，昆虫停止取食，并使肠道内膜破坏，使杆菌的营养细胞极易穿透肠道底膜进入昆虫血淋巴，最后昆虫因饥饿和败血症而死亡；外毒素作用缓慢，而在蜕皮和变态时作用明显。主要用于防治直翅目、鞘翅目、双翅目、膜翅目，特别是鳞翅目的多种害虫，对蚜虫、螨类害虫无效。

【防治对象及使用方法】

（1）防治菜青虫、小菜蛾，应在低龄幼虫期施药，用 100 亿活芽孢/微升悬浮剂 400～600 倍液喷雾；或用 8 000 国际单位/毫克苏云金杆菌可湿性粉剂，每公顷 1 500～2 250 克制剂，对水喷雾，

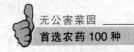
在卵孵盛期施药，还可兼治斜纹夜蛾和菜粉蝶。

（2）防治棉铃虫，用16 000国际单位/毫克苏云金杆菌可湿性粉剂1 000～1 500倍液喷雾。

【注意事项】

（1）苏云金杆菌主要用于防治菜青虫、小菜蛾等鳞翅目害虫的幼虫，施药期应比使用化学农药提前2～3天。对害虫的低龄幼虫效果好，30℃以上施药效果最好。

（2）不能与内吸性有机磷杀虫剂或杀菌剂混合使用。

（3）晴天最佳用药时间在日落前2～3小时，阴天时可全天进行，雨后需重喷。

（4）本品可对家蚕致病，蚕区禁用。

（5）药剂应存放在低温、干燥和阴凉的地方，以免变质。

（6）由于苏云金杆菌的质量好坏以其毒力大小为依据，存放时间太长或方式不合适则会降低其毒力，因此，应对产品做必要的生物测定。

49. 苏云金杆菌以色列亚种

【其他名称】 Bti

【英文通用名称】 bacillus thuringiensis H-14

【主要剂型】 1 200国际单位/毫克、1 600国际单位/毫克可湿性粉剂。

【毒性】 低毒。

【商品药性状及作用】 苏云金芽孢杆菌以色列亚种（*Bacillus thuringiensis* ssp. *israelensis*，简称 Bti）是 Goldberg 和 Margalit 于1977年发现的一种对蚊科幼虫具有高度毒力的病原细菌，有高效安全、易于分解、低残留、与环境相容的特性。血清型 H-14 和有毒晶体被蚊类幼虫摄食后可导致蚊幼体内钾、钠离子失衡，出现血毒症而死亡。

【防治对象及使用方法】 防治食用菌菇蚊，用1 200国际单位/毫克苏云金杆菌以色列亚种可湿性粉剂 0.5～1 克/米^2 喷雾。间隔

25～30 天可再次施用。

【注意事项】参照苏云金杆菌。

50. 除虫菊素

【英文通用名称】pyrethrins

【主要剂型】5％乳油，1.5％水乳剂。

【毒性】低毒（对鱼、虾等水生动物及蜜蜂高毒）。

【商品药性状及作用】除虫菊素乳油为浅黄色油状液体。除虫菊素是天然除虫菊的提取物，内含除虫菊酯、瓜菊酯和茉莉菊酯，属于神经毒剂，以触杀作用为主，杀虫谱广，对害虫的击倒或杀死作用迅速。对人、畜安全，不污染环境。不易产生抗药性。

【防治对象及使用方法】

（1）防治蔬菜蚜虫、蓟马等，在发生初期，用5％除虫菊素乳油2 000～2 500 倍液，均匀喷雾，叶片正背面及茎秆均匀施药，以便药液能够充分接触到虫体。种群数量大时，可连续施药2 次或以上，每次间隔5～7 天。

（2）防治小菜蛾，在低龄幼虫期用5％除虫菊素乳油1 000倍液喷雾。

（3）防治菜青虫、斜纹夜蛾、甜菜夜蛾、棉铃虫等鳞翅目幼虫，在低龄幼虫期，用 5％除虫菊素乳油1 500～2 000 倍液喷雾。

【注意事项】

（1）不能与碱性农药混用。

（2）对鱼、虾等水生动物及蜜蜂毒性大，使用时要特别注意。

（3）避免在强光直射时使用；阴天或傍晚施用，效果更好。

（4）安全间隔期 1 天。

51. 印楝素

【英文通用名称】azadirachtin

【主要剂型】0.3％、0.5％、0.6％乳油。

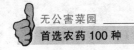
【毒性】低毒。

【商品药性状及作用】印棟素乳油为棕色液体。印棟素是从印棟树中提取的植物性杀虫剂，有拒食、忌避、内吸和抑制生长发育作用。主要作用于昆虫的内分泌系统，降低蜕皮激素的释放量，也可直接破坏表皮结构或阻止表皮几丁质的形成，或干扰呼吸代谢，影响生殖系统发育等。对环境、人畜、天敌安全，对害虫不易产生抗药性。

【防治对象及使用方法】防治小菜蛾，于一至二龄幼虫盛发期及时施药，用0.3％印棟素乳油600~800倍液喷雾。根据虫情约7天后可再防治1次或使用其他药剂。

【注意事项】

（1）该药作用速度较慢，一般施药后1天显示效果，要掌握施药适期，不要随意加大用药量。

（2）不可与碱性农药混用。

（3）该药对蚜茧蜂、六斑瓢虫、尖臀瓢虫等有较强的杀伤力。

52. 苦参碱

【英文通用名称】matrine

【主要剂型】0.3％、0.5％水剂，0.3％、1％可溶液剂，0.3％乳油，0.3％水乳剂。

【毒性】低毒。

【商品药性状及作用】苦参碱液剂为深褐色液体，水剂为棕褐色液体，粉剂为棕黄色疏松粉末。苦参碱是由中草药苦参经乙醇等有机溶剂提取制成的，为天然植物性农药。杀虫谱广，有触杀、胃毒作用。害虫一旦接触本药剂，即麻痹神经中枢，继而使虫体蛋白凝固，堵死虫体气孔，使虫体窒息死亡。对人畜低毒。对多种作物上的菜青虫、蚜虫、红蜘蛛等害虫有明显防效。

【防治对象及使用方法】

（1）防治菜青虫，于成虫产卵高峰后7天左右，幼虫三龄前进行防治（该药对低龄幼虫效果好，对四至五龄幼虫防效差），用

1％苦参碱可溶液剂 500～800 倍液，或 0.5％苦参碱水剂 800～1 000倍液，或 0.3％苦参碱水剂 300～500 倍液喷雾。

（2）防治小菜蛾，用 0.5％苦参碱水剂 600 倍液喷雾。

（3）防治菜蚜，在蚜虫点片发生阶段进行防治，用1％苦参碱可溶液剂 800～1 000 倍液，喷药时应叶背、叶面均匀喷雾，尤其是叶背。

（4）防治韭蛆，用 1.1％苦参碱粉剂 500 倍液于韭蛆发生初期灌根。

【注意事项】

（1）严禁与碱性农药混用。

（2）贮存在避光、阴凉、通风处。

（3）如作物用过化学农药，5 天后才能施用此药，以防酸碱中和影响药效。

53. 藜芦碱

【其他名称】虫敌、护卫鸟等。

【英文通用名称】vertrine

【主要剂型】0.5％可溶液剂，0.5％可湿性粉剂。

【毒性】低毒。

【商品药性状及作用】藜芦碱可溶液剂为草绿色或棕色透明液体。藜芦碱是由中草药藜芦经乙醇萃取的植物农药，有触杀和胃毒作用。药剂经虫体表皮或吸食进入消化系统后，造成局部刺激，引起反射性虫体兴奋，继而抑制虫体感觉神经末梢，经传导抑制中枢神经而致害虫死亡。对人、畜安全，不污染环境。药效期长达 10天以上。

【防治对象及使用方法】

（1）防治蔬菜蚜虫，用 0.5％藜芦碱可溶液剂 800～1 000 倍液喷雾。

（2）防治菜青虫，于低龄幼虫时施药，用 0.5％藜芦碱可溶液剂 600～800 倍液喷雾。

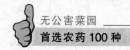
【注意事项】

（1）可与有机磷、菊酯类混用，须现配现用，但需先进行试验。

（2）不可与强酸、碱性制剂混用。

（3）本药易光解，应在避光、干燥、通风、低温条件下贮存。

54. 鱼藤酮

【其他名称】鱼藤、毒鱼藤等。

【英文通用名称】rotenone

【主要剂型】2.5%、4%、7.5%乳油，5%微乳剂。

【毒性】中毒（对家畜、鱼和家蚕高毒）。

【商品药性状及作用】鱼藤酮乳油为浅黄至棕黄色液体。鱼藤酮为植物性杀虫剂，有触杀和胃毒作用，无内吸性，杀虫谱广。药剂进入虫体后迅速妨碍呼吸，抑制谷氨酸的氧化，使害虫死亡。该药易见光分解，易氧化，在作物上残留时间短，不污染环境，对天敌安全。能有效防治蔬菜等多种作物上的蚜虫。

【防治对象及使用方法】

（1）防治蚜虫，于蚜虫发生初期施药，用 2.5%鱼藤酮乳油 500 倍液，或 7.5%鱼藤酮乳油 1 500 倍液，均匀喷雾。

（2）防治菜青虫、猿叶虫、黄守瓜等，在初发期，用 2.5%鱼藤酮乳油，用药量和使用浓度同蚜虫。

【注意事项】

（1）该药遇光、空气、水和碱性物质会加速氧化，失去药效，不要与碱性农药混用，应随配随用。

（2）对家畜、鱼和家蚕高毒，注意避免药液漂移到附近水池、桑树上。

（3）安全间隔期为 3 天。

（4）应密闭存放在阴凉、干燥、通风处。

55. 敌敌畏

【其他名称】二氯松、DDV 等。

【英文通用名称】dichlorvos

【主要剂型】50％、80％乳油，22.5％油剂，90％可溶液剂，15％、22％、30％烟剂。

【毒性】中毒（对鱼类毒性高，对蜜蜂高毒）。

【商品药性状及作用】敌敌畏乳油为浅黄色至黄棕色透明液体，油剂为淡黄色油状液体。敌敌畏属有机磷杀虫剂，有触杀、胃毒、熏蒸作用，挥发性强，残效期短，杀虫谱广。对菜青虫等咀嚼式口器害虫和蚜虫等刺吸式口器害虫有良好防效。

【防治对象及使用方法】

（1）防治菜青虫、小菜蛾、甘蓝夜蛾、斜纹夜蛾、蚜虫、葱蝇、红蜘蛛等，用 50％敌敌畏乳油 500～600 倍液或 80％敌敌畏乳油 1 000～1 500 倍液喷雾。

（2）防治温室、大棚烟粉虱、温室白粉虱、蚜虫，于傍晚收工前将保护地密封，每 667 米² 用 22％敌敌畏烟剂 250～400 克，均匀放在 3～4 点上，点燃熏烟。棚室密闭程度是影响防治效果的主要因素。此外，烟剂对瓜蚜防效高，视虫情一般可在 15 天左右再防治 1 次。由于敌敌畏烟剂只对白粉虱、烟粉虱成虫有效，而对卵和若虫基本无效，一般 7 天左右可再熏烟 1 次。注意与其他杀虫剂轮换使用，如连续使用烟剂易造成黄瓜叶片老化。对瓜类幼苗易产生药害，使用时应注意。

【注意事项】

（1）不可在瓜类作物上喷雾使用，对豆类也较敏感。

（2）不能与碱性农药混用。

（3）青菜上安全间隔期不少于 5 天，每季最多使用 5 次；白菜上安全间隔期不少于 5 天，每季最多使用 2 次。

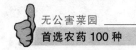
56. 辛硫磷

【其他名称】 肟硫磷、腈肟磷、倍腈松等。

【英文通用名称】 phoxim

【主要剂型】 40％乳油，30％微囊悬浮剂，1.5％、3％颗粒剂，20％微乳剂。

【毒性】 低毒（对蜜蜂、七星瓢虫毒性较大）。

【商品药性状及作用】 辛硫磷乳油为黄色或棕黄色液体。辛硫磷为低毒高效有机磷杀虫剂，以触杀和胃毒为主，无内吸作用。杀虫谱广，击倒力强，但见光易分解，因此残效期短。在土壤中较稳定，残效期可达1个月以上，适用于防治蛴螬、蝼蛄等地下害虫。

【防治对象及使用方法】

（1）防治菜青虫等鳞翅目害虫幼虫、蓟马、蚜虫、粉虱等害虫，可用40％辛硫磷乳油800～1 200倍液均匀喷雾。

（2）防治韭菜、大蒜、葱等蔬菜根蛆，当田间出现因蛆害而黄叶时，可用40％辛硫磷乳油700～800倍液灌根。也可用于防治地老虎、跳甲等地下害虫。

【注意事项】

（1）高粱、黄瓜、菜豆和甜菜等对辛硫磷较为敏感，易出现药害。

（2）辛硫磷在阳光下易分解，所以使用时最好在傍晚进行。拌闷过的种子也要避光晾干，贮存时放在暗处。

（3）药液要随配随用，不能与碱性农药混用。

（4）药剂应贮存在儿童接触不到的地方，不能与食品、饲料混放。

（5）青菜上安全间隔期不少于6天，每季最多使用2次；大白菜上安全间隔期不少于6天，每季最多使用3次；甘蓝上安全间隔期不少于5天，每季最多使用4次；黄瓜上安全间隔期不少于3天，每季最多使用3次；洋葱、大葱上安全间隔期不少于17天，每季最多使用1次；韭菜上安全间隔期不少于10天，每季最多使用 2 次。

57. 马拉硫磷

【其他名称】马拉松、防虫磷、粮泰安等。

【英文通用名称】malathion

【主要剂型】45％乳油。

【毒性】低毒（对鱼类有中毒，对寄生蜂、捕食性瓢虫、捕食螨等天敌和蜜蜂高毒）。

【商品药性状及作用】马拉硫磷乳油为淡黄色至棕色油状透明液体，油剂为棕色油状液体。马拉硫磷为有机磷农药，有触杀、胃毒和微弱的熏蒸作用，无内吸作用，残效期短。进入虫体后首先被氧化成毒力更强的马拉氧磷，从而发挥强大的毒杀作用。高等动物体内的羧酸酯酶能将其水解为无毒化合物。对小菜蛾、菜青虫等多种鳞翅目害虫的幼虫及螨、蚜虫等有较好的防效。

【防治对象及使用方法】防治小菜蛾、菜青虫、菜螟、黄守瓜、蚜虫等，用 45％乳油 900～1 400 倍液喷雾。

【注意事项】

（1）药剂要随用随配。不可与碱性或酸性物质混用。

（2）制剂易燃，注意防火。

（3）蔬菜收获前至少 10 天停止用药。

（4）番茄、瓜类、豇豆等对本药比较敏感，慎用，以避免药害。

58. 敌百虫

【其他名称】三氯松、毒霸等。

【英文通用名称】trichlorfon

【主要剂型】30％、40％乳油，80％、90％可溶粉剂。

【毒性】低毒（对鱼类和蜜蜂低毒）。

【商品药性状及作用】敌百虫 80％可溶粉剂为白色或灰白色粉末，25％油剂为黄棕色油状液体。敌百虫为有机磷类杀虫剂，杀虫

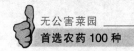
谱广，对害虫有很强的胃毒作用，兼有触杀作用，对植物有渗透作用，但无内吸性。在弱碱液中可变成敌敌畏，但不稳定，很快分解失效。主要用于防治菜青虫、小菜蛾等咀嚼式口器害虫，对害螨和蚜虫防效差。

【防治对象及使用方法】

（1）防治菜青虫、小菜蛾、甘蓝夜蛾，在低龄幼虫盛发期用80％敌百虫可溶粉剂800倍液喷雾。

（2）防治地老虎等地下害虫，用敌百虫原粉每次每公顷750～1 500克，折算每667 米^2 用量50～100 克，先用少量水稀释，再与炒香的棉仁饼或菜籽饼5 千克拌匀，傍晚时撒在苗根附近，防治小地老虎和蝼蛄。也可与切碎的鲜草15～20 千克拌成鲜草毒饵，傍晚时撒在苗根附近防治小地老虎。

【注意事项】

（1）药液要现配现用，不能久放。

（2）高粱对敌百虫极敏感，应避免在其附近使用。豆类和瓜类蔬菜上慎用，易产生药害。

（3）青菜、白菜上安全间隔期不少于7 天，每季最多使用5 次。

59. 毒死蜱

【其他名称】乐斯本、氯吡硫磷、氯吡磷等。

【英文通用名称】chlorpyrifos

【主要剂型】40％、48％乳油，3％、5％、10％、15％颗粒剂，30％、40％微乳剂。

【毒性】中毒（对眼有轻度刺激，对皮肤有明显刺激，长时间接触会被灼伤，对鱼类毒性较高、对蜜蜂有毒）。

【商品药性状及作用】毒死蜱乳油为草黄色液体，有硫醇臭味。毒死蜱为有机磷类杀虫杀螨剂，杀虫谱广，具有触杀、胃毒和熏蒸作用。对植物有渗透作用，在土壤中的残留期较长，对地下害虫防治效果较好。在推荐剂量下，对烟草敏感。

【防治对象及使用方法】

（1）防治菜青虫，在幼虫二至三龄期，用40％毒死蜱乳油1 000～1 500倍液喷雾。

（2）防治小菜蛾，在幼虫一至二龄盛期，用40％毒死蜱乳油1 000～1 200倍液喷雾。

（3）防治温室粉虱、烟粉虱，由于粉虱世代重叠，各种虫态同时存在，应根据各虫态垂直分布规律，重点针对相应虫态以确保防治效果，可用40％毒死蜱乳油800～1 000倍液喷雾，相应剂量还可防治豌豆彩潜蝇。

（4）防治豆荚螟，在豇豆、菜豆开花盛期，也就是害虫初龄幼虫蛀入幼荚前，用40％毒死蜱乳油1 000～1 500倍液喷雾，隔7～10天喷1次，共喷3次，可较好控制豆荚被害。

（5）防治红蜘蛛等害螨，在害螨盛发期，用40％毒死蜱乳油1 000～1 500倍液喷雾。

（6）防治地下害虫，每667米^{2}用40％毒死蜱乳油150～200毫升，对水200千克，浇灌蔬菜根部；或用40％毒死蜱乳油150毫升，拌干细土15～20千克埋施，可防治根蛆、蛴螬、金针虫等地下害虫，持效期可达3～4个月。

【注意事项】

（1）不能与碱性农药混用。

（2）该药对黄铜有腐蚀作用，喷雾器用完后，要立即冲洗干净。

（3）该药对蜜蜂和鱼类高毒，使用时要注意保护蜜蜂和水生动物。

（4）叶菜上安全间隔期7天，每季最多使用3次。

60. 四聚乙醛

【其他名称】密达、多聚乙醛、蜗牛敌等。

【英文通用名称】metaldehyde

【主要剂型】5％、6％、10％颗粒剂，80％可湿性粉剂，40％

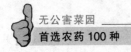
悬浮剂。

【毒性】中毒（对鸟类中毒）。

【商品药性状及作用】四聚乙醛颗粒剂为蓝色或灰蓝色颗粒。四聚乙醛是一种胃毒剂，对蜗牛和蛞蝓有引诱作用，主要令螺体内乙酰胆碱酯酶大量释放，破坏螺体内特殊的黏液，从而导致神经麻痹而死亡。植物体不吸收该药，因此不会在植物体内积累，本品对人、畜中等毒。

【防治对象及使用方法】防治蜗牛、蛞蝓，于发生始盛期，用6％四聚乙醛颗粒剂每公顷7 500～9 000克均匀撒施或间隙性条施。若遇大雨，药粒易被冲散至土壤中，致药效降低，需重复施药，但小雨对药效影响不大。

【注意事项】

（1）施用本农药后，不要在田中践踏。

（2）遇低温（低于15℃）或高温（高于35℃），因螺的活动能力减弱，药效会受影响。

（3）使用本剂后应用肥皂水清洗双手及接触药物的皮肤。

（4）贮存和使用本剂时，应远离食物、饮料及饲料。不要让儿童及家禽接触或进入处理区。

（5）本品应存放于阴凉干燥处，如保管不好，容易解聚。忌用有焊锡的铁器包装。

（6）叶菜上安全间隔期为7天，每季最多使用2次。

61. 棉隆

【其他名称】必速灭、二甲噻嗪、二甲硫嗪等。

【英文通用名称】dazomet

【主要剂型】98％微粒剂、颗粒剂。

【毒性】低毒（对鱼有毒，对所有绿色植物均有药害）。

【商品药性状及作用】棉隆颗粒剂为白色或近灰色颗粒。棉隆为广谱杀线虫剂，兼治土壤真菌、地下害虫及杂草。易于在土壤及其他基质中扩散，杀线虫作用全面而持久，能与肥料混用。该药使用范围广，可防治多种线虫，不会在植物体内残留。

【防治对象及使用方法】用于温室、大棚种植前土壤处理，防治蔬菜田的各种线虫。沙质土每 667 米² 用 98％棉隆微粒剂 4 900～5 880 克，黏性土壤用 5 880～6 850 克撒施或沟施，先将药均匀撒在地面上，深耙 20 厘米，沟施时则要立即盖土，然后浇水、盖膜。熏蒸时间视土壤温度而不同，10 厘米处土温 20℃以上保持 6 天后揭膜透气 5 天以上，并要用发芽的豌豆苗置于棚内检查是否有药害，待有毒气体散尽后种植或播种。10 厘米处土温 25～30℃时，熏蒸 3～4 天，揭膜后透气 4 天；10 厘米处土温 15℃时，熏蒸 8 天，揭膜透气 12 天，播种或移栽前都必须用发芽的豌豆苗测试毒气是否散尽，以防对蔬菜产生药害。

【注意事项】

（1）使用时土壤温度应保持在 6℃以上（12～18℃适宜），土壤含水量保持在 40％以上才能获得好的防效。揭膜后要充分透气，以防产生药害。

（2）施药时应注意防护。

（3）对鱼有毒，易污染地下水，在南方应慎用。

（4）对所有绿色植物均有药害，土壤处理时不能接触植物。

（5）本药应密封保存在阴凉干燥处。

62. 棉铃虫核型多角体病毒

【英文通用名称】helicoverpa armigera nucleopolyhedro virus（HaNPV）

【主要剂型】10 亿 PIB/克可湿性粉剂，20 亿 PIB/毫升悬浮剂，600 亿 PIB/克水分散粒剂。

【毒性】低毒。

【商品药性状及作用】棉铃虫核型多角体病毒可湿性粉剂为灰白至淡黄色粉末。棉铃虫核型多角体病毒为新型的病毒生物农药杀虫剂，由核型多角体病毒及增效保护等辅料配制而成，对棉铃虫具有强大杀灭效果。害虫取食感染核型多角体病毒，在害虫的肠液作

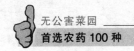
用下，包涵体（PIB）蛋白解体，释放出具有感染能力的病毒粒子，病毒粒子逐步侵染虫体全身细胞，使组织化脓引起死亡。对人、畜无毒，不感染蜜蜂，对瓢虫、草蛉、蜘蛛、家蚕等无伤害作用，不污染环境。

【防治对象及使用方法】防治棉铃虫，在卵孵盛期，用 10 亿 PIB/克棉铃虫核型多角体病毒可湿性粉剂 500～1 000 倍液喷雾。每隔 5～7 天喷 1 次，连喷 1～2 次。

【注意事项】

（1）不可与碱性或杀菌剂混用，可与中性化学农药复配，必须即配即用，并先进行试验。

（2）贮存在阴凉通风处，忌暴晒。

63. 小菜蛾颗粒体病毒

【其他名称】环业 2 号等。

【英文通用名称】plutella xylostella granulosis virus（PXGV）

【主要剂型】300 亿 OB/毫升悬浮剂。

【毒性】低毒。

【商品药性状及作用】小菜蛾颗粒体病毒为新型的病毒生物农药杀虫剂。小菜蛾取食后因病毒感染而拒食，48 小时后可大量死亡，并可长期造成施药地块的病毒水平传染和次代传染。对幼虫及成虫均有很强防效。

【防治对象及使用方法】防治小菜蛾，用 300 亿 OB/毫升小菜蛾颗粒体病毒悬浮剂每公顷 375～450 毫升制剂，对水 750～900 千克喷雾。

【注意事项】不可与杀菌剂混用。

64. 淡紫拟青霉

【其他名称】防线霉、线虫清等。

【英文通用名称】paecilomyces lilacinus

【主要剂型】2 亿活孢子/克粉剂，5 亿活孢子/克颗粒剂。

【毒性】低毒。

【商品药性状及作用】淡紫拟青霉原药外观为淡紫色粉末状。属于植物源杀线虫剂，淡紫拟青霉菌［*Paecilomyces lilacinus* (Thorn.) Samson］为内寄生性真菌，是一些植物寄生线虫的重要天敌，能够寄生于卵，也能侵染幼虫和雌虫。使用该药入土后，淡紫青拟霉孢子萌发长出很多菌丝，菌丝碰到线虫的卵、幼虫及雌性成虫体壁，分泌几丁质酶，从而破坏几丁质层，菌丝得以穿透卵壳、幼虫及雌性成虫体壁，以卵、体内物质为养料大量繁殖，破坏卵、幼虫及雌性成虫的正常生理代谢，从而导致植物寄生线虫死亡。

【防治对象及使用方法】防治番茄根结线虫，每 667 米^2 可用 5 亿活孢子/克淡紫青拟霉颗粒剂 2.5～3 千克，在播种前或移栽前均匀沟施或穴施在种子或幼苗根系周围，施药深度 10 厘米。

【注意事项】

（1）勿与化学杀菌剂混合施用。不可与作土壤处理的含铜、含镁药剂一起使用。

（2）注意安全使用。淡紫拟青霉可寄生眼角膜，如不慎进入眼睛，请立即用大量清水冲洗。

（3）最佳施药时间为早上或傍晚。勿使药剂直接放置于强阳光下。

（4）不宜在使用石灰消毒的土壤（碱性土壤）中使用。

（5）贮存于低温、阴凉、干燥处，勿使药剂受潮。

65. 矿物油

【英文通用名称】petroleum oil

【主要剂型】99％乳油。

【毒性】微毒。

【商品药性状及作用】矿物油一般是指从石油、煤炭、油页岩中提取和精炼的液态有机化合物，为无色透明的油状液体，是一种无内吸及熏蒸作用的杀虫、杀螨剂。对虫、卵具有杀伤力。矿物油

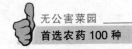

乳剂所形成的油膜能封闭昆虫气孔，直接使害虫窒息死亡；矿物油还可溶解和破坏害虫上表皮的蜡质层，侵入虫体内，帮助混配的杀虫药剂在害虫表皮（或卵壳）上附着及展着，并携带药剂穿透害虫表皮（或卵壳）从而更快更好地发挥杀虫作用。优点是多次使用不产生抗药性；物理窒息杀虫、杀螨，对人畜安全；对环境生物杀伤力低，且在短时间内由微生物分解成水和二氧化碳，作物和环境残留极低。主要用于防治番茄、黄瓜等作物上的蚜虫、螨类等害虫。

【防治对象及使用方法】防治烟粉虱、红蜘蛛等害虫，于发生初期用 99％矿物油乳油 150～200 倍液喷雾。3 天后可再次施用。上午 10 时以前，粉虱成虫活动弱，喷雾效果好。对在叶背面取食活动的若虫，要重点喷洒叶片背面使虫体着药。

（二）杀 菌 剂

1. 代森锌

【英文通用名称】zineb

【主要剂型】65％、80％可湿性粉剂，65％、80％水分散粒剂。

【毒性】低毒。

【商品药性状及作用】代森锌可湿性粉剂为灰白色或浅黄色粉末。在光照及吸收空气中的水分后分解较快，残效期约 7 天。代森锌为广谱保护性杀菌剂，触杀作用较强，能直接杀死病菌孢子，抑制孢子萌发，阻止病菌侵入植物体内，但对已侵入植物体内的病菌菌丝杀伤作用很小，因此对病害主要起预防作用。

【防治对象及使用方法】防治霜霉病、晚疫病、绵疫病、炭疽病、早疫病、叶霉病、斑枯病、褐纹病、锈病等，在发病前或发病初期用 65％代森锌可湿性粉剂 400～500 倍液或 80％代森锌可湿性粉剂 600 倍液喷雾，每 7～10 天 1 次，连喷 2～3 次。

【注意事项】

(1) 贮存在阴凉干燥处，容器要严密。

（2）不能与碱性及含铜药剂混用。

（3）本药为保护性杀菌剂，应于发病初期使用。在葫芦科蔬菜（瓜类）上慎用，先试验后用，避免药害。

（4）建议安全间隔期为 15 天。

2. 代森锰锌

【其他名称】大生、喷克、大富生、大丰等。

【英文通用名称】mancozeb

【主要剂型】50％、70％、80％可湿性粉剂，30％、43％悬浮剂，75％、80％水分散粒剂。

【毒性】低毒（对鱼类中等毒性）。

【商品药性状及作用】代森锰锌可湿性粉剂为灰黄色粉末。遇酸或碱易分解失效，高温下暴露和受潮易分解，可引起燃烧。代森锰锌可抑制病菌体内丙酮酸的氧化，杀菌谱广，以预防保护作用为主，病菌不易产生抗性，对作物安全。常被用作许多复配剂的主要成分，可与多种农药、化肥混用。

【防治对象及使用方法】

（1）防治早疫病、晚疫病、叶霉病、斑枯病、霜霉病、炭疽病、蔓枯病、褐纹病、十字花科黑斑病、白菜白斑病、草莓蛇眼病、西葫芦根霉腐烂病及根甜菜、罗勒、香椿等蔬菜褐斑病，在发病前或初期，用70％代森锰锌可湿性粉剂 400～600 倍液，或80％代森锰锌可湿性粉剂 600～800 倍液喷雾，隔7～10 天喷 1 次，连喷 3～4 次。

（2）防治瓜类蔓枯病时，重点喷洒植株中下部，病情严重时可将药剂用量加倍涂抹病茎。

（3）防治番茄早疫病时，一般喷药 5 次方可取得好的防效，此外番茄早疫病在保护地苗期多为害茎部，应重点喷洒茎基。

【注意事项】

（1）贮存于阴凉、干燥、通风处。

（2）不可与含铜或碱性药剂混用，在喷含铜或碱性药剂 1 周

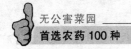
后，才能喷此药。

（3）西瓜上安全间隔期 21 天，每季最多使用 3 次；番茄上安全间隔期 15 天。

3. 福美双

【英文通用名称】thiram

【主要剂型】50％、70％、80％可湿性粉剂，80％水分散粒剂。

【毒性】中毒。

【商品药性状及作用】50％福美双可湿性粉剂为灰白色粉末。福美双为广谱保护性杀菌剂，对种子和土壤传播的苗期病害的病原菌有杀伤作用，主要用于种子和土壤消毒，也可喷雾。对甲虫有忌避作用，对植物安全。

【防治对象及使用方法】

（1）防治立枯病、猝倒病、褐腐病等苗期病害，可用种子重量 0.3％～0.4％的 50％福美双可湿性粉剂拌种，也可用 50％福美双可湿性粉剂与 50％多菌灵可湿性粉剂或 40％三乙膦酸铝可湿性粉剂按 1∶1 比例混合拌种；或用 50％福美双可湿性粉剂每 667 米² 1.5～2 千克拌细土 40～60 千克穴施或沟施，也可播种时将药土下垫、上覆。

（2）防治炭疽病、白粉病、霜霉病、晚疫病，于发病初期用 50％福美双可湿性粉剂 500～800 倍液喷雾，间隔 7 天，连防 2～3 次。

（3）防治灰霉病，可于移栽或育苗整地前，用 50％福美双可湿性粉剂 300 倍液对棚膜、立柱、墙壁、土壤等表面喷雾，消毒灭菌，生长期发病后及时用 500～600 倍液喷雾。

【注意事项】

（1）对黏膜和皮肤有刺激作用，施药时要穿戴好防护服和口罩，工作结束后要及时清洗裸露部位。

（2）不能与铜制剂和碱性农药混用或前后紧接使用。

（3）拌过药的种子禁止饲喂家禽、家畜。

4. 百菌清

【其他名称】达科宁、克菌灵等。

【英文通用名称】chlorothalonil

【剂型】50％、75％可湿性粉剂，10％、20％、30％、45％烟剂，40％悬浮剂，75％水分散粒剂。

【毒性】低毒（对鱼类毒性大）。

【商品药性状及作用】百菌清为可湿性粉剂白色至灰色疏松粉末。百菌清为非内吸性广谱杀菌剂，主要防止植物受到真菌的侵染，当病菌已侵入植物体后，其杀菌作用很小，因此可用于多种蔬菜真菌性病害预防。百菌清在植物表面有良好黏着性，不易受雨水冲刷，药效期较长，残效期7～10天。

【防治对象及使用方法】防治霜霉病、炭疽病、白粉病、疫病、早疫病、晚疫病、绵疫病、灰霉病、斑枯病、瓜类蔓枯病、草莓轮斑病、草莓蛇眼病、蔬菜褐纹病等，在发病前或发病初期，用75％百菌清可湿性粉剂600倍液喷雾。保护地最好使用45％百菌清烟剂每667米²250～300克熏烟，间隔7～10天1次，连施3～4次。熏烟应在傍晚进行，将棚室关闭封严，药剂均匀分几份堆放在棚室内，用暗火点燃，次日清晨通风。喷粉时，棚室关闭1小时后再通风，若早春或晚秋喷粉，在傍晚进行，次日再打开门窗、通风口等。根据百菌清预防保护作用为主的特点及保护地特定环境，在气候适合发病条件时或关键时期，保护地若提早于发病前采用百菌清烟剂熏烟进行保护，预防效果显著。

【注意事项】

（1）本药对鱼类有毒，要避免药液污染池塘和水域。

（2）不能与碱性农药混用；梨、桃、柿、梅、苹果、玫瑰花等易产生药害。

（3）注意防潮、防晒。

（4）番茄上安全间隔期7天，每季最多使用3次；75％百菌清可湿性粉剂在黄瓜上安全间隔期不少于10天，每季最多使用3次；

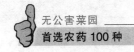
45％百菌清烟剂在黄瓜上安全间隔期为 3 天，每季最多使用 4 次；西瓜上安全间隔期不少于 21 天，每季最多使用 6 次。

5. 甲基硫菌灵

【其他名称】甲基托布津等。

【英文通用名称】thiophanate-methyl

【主要剂型】50％、70％可湿性粉剂，70％水分散粒剂，36％、50％悬浮剂。

【毒性】低毒。

【商品药性状及作用】甲基硫菌灵可湿性粉剂为灰棕色或灰紫色粉末，悬浮剂为淡褐色黏稠悬浊液体。甲基硫菌灵为苯并咪唑类广谱、内吸性杀菌剂，有预防保护和治疗作用，在植物体内转化为多菌灵，干扰病菌有丝分裂中纺锤体的形成，影响病菌细胞分裂。持效期 7～10 天。与多菌灵有交互抗药性。

【防治对象及使用方法】

(1) 防治炭疽病，白粉病，灰霉病，菌核病，枯萎病，瓜类蔓枯病，番茄叶霉病，白菜白斑病，茄子黄萎病，蕹菜、草莓轮斑病，落葵、草莓蛇眼病，芦笋茎枯病，根甜菜、芦笋、罗勒、香椿、莲藕等蔬菜褐斑病，茭白胡麻叶斑病，小西葫芦根霉腐烂病，十字花科蔬菜褐腐病等，在发病初期用 70％甲基硫菌灵可湿性粉剂 800～1 000 倍液喷雾，每 7～10 天防治 1 次，连防 2～3 次。

(2) 防治十字花科蔬菜褐腐病、落葵蛇眼病，除喷雾外，播前可用种子重量 0.3％的 70％甲基硫菌灵可湿性粉剂拌种。

(3) 防治瓜类蔓枯病或芦笋茎枯病时，若病情严重可用 70％甲基硫菌灵可湿性粉剂 400～500 倍液涂抹病茎。

(4) 防治蔬菜枯萎病或茄子黄萎病，可用 70％甲基硫菌灵可湿性粉剂 400～500 倍液灌根，每株灌药液 0.25～0.5 千克。

【注意事项】

(1) 不能与含铜和碱性、强酸性农药混用。

（2）连续使用易产生抗药性，应与其他药剂交替使用，但不宜与多菌灵轮换使用。

（3）不少地区用此药防治灰霉病、菌核病等已难奏效，需改用其他对路药剂防治。

（4）因该药为致癌可疑物，1976年芬兰已禁用。

6. 甲硫·乙霉威

【其他名称】甲霉灵、硫菌·霉威、抗霉威等。

【英文通用名称】thiophanate-methyl·diethofencarb

【剂型】65％可湿性粉剂。

【毒性】低毒。

【商品药性状及作用】甲硫·乙霉威可湿性粉剂为灰白色粉末。甲硫·乙霉威由甲基硫菌灵（甲基托布津）与乙霉威（万霉灵）复配而成，其中乙霉威（万霉灵）对抗性病菌有较强的杀菌活性，而甲基硫菌灵（甲基托布津）对敏感菌有较强活性，两者复配使用具有双重效果，既可防治抗性菌，又可防治敏感菌，具有预防和治疗作用，并有良好的内吸性和残效性。尤其对苯并咪唑产生抗性的灰霉病菌有特效。在腐霉利（速克灵）使用年限长，已产生抗性菌的地方是很好的替换品种。

【防治对象及使用方法】防治各种蔬菜灰霉病、菌核病。

灰霉病较重的棚室，种植前用65％甲硫·乙霉威（甲霉灵）可湿性粉剂400~500倍液喷洒地面、墙壁、棚膜、立柱等进行表面灭菌；番茄蘸花时，可在蘸花液中加入0.1％~0.3％的65％甲硫·乙霉威（甲霉灵）可湿性粉剂防治灰霉病；生长期中发现灰霉病、菌核病病株时，及时用65％甲硫·乙霉威（甲霉灵）可湿性粉剂800~1 000倍液喷雾，果菜类灰霉病重点喷花和幼果，菌核病重点喷茎基部和下部叶片，视病情10天左右防治1次，连防3~4次。生长期防治番茄灰霉病应抓住苗期、蘸花期、第一穗果膨大期三个关键时期。

【注意事项】

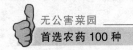

（1）避免与酸、碱性较强的农药混用。

（2）避免过度连续使用，以防产生抗性。

（3）在速克灵效果明显下降的地区可换用甲硫·乙霉威（甲霉灵），但在腐霉利（速克灵）还有效地区的不要盲目改用此药，可与其他保护剂交替使用。

7. 多菌灵

【其他名称】 苯并咪唑 44 号、棉萎灵等。

【英文通用名称】 carbendazim

【主要剂型】 25％、50％、80％可湿性粉剂，40％、50％悬浮剂，50％、75％、80％、90％水分散粒剂。

【毒性】 低毒。

【商品药性状及作用】 多菌灵可湿性粉剂为褐色疏松粉末，40％悬浮剂为淡褐色黏稠可流动的悬浮液。多菌灵为苯并咪唑类内吸、广谱性杀菌剂，有预防和治疗作用，主要是干扰菌体的有丝分裂中纺锤体的形成，从而影响细胞分裂。对多种真菌性病害，尤其对枯萎病、黄萎病等土传病害有一定的防治效果，对蔬菜有刺激生长的作用。

【防治对象及使用方法】

（1）防治早疫病、炭疽病、白粉病、灰霉病、菌核病及黄瓜黑星病，白菜白斑病，番茄叶霉病、枯萎病、黄萎病，十字花科蔬菜黑根病、褐腐病，蕹菜、草莓轮斑病，落葵、草莓蛇眼病，芦笋褐斑病，小西葫芦根霉腐烂病，莲藕腐败病等，在发病初期用 50％多菌灵可湿性粉剂 600～800 倍液喷雾，间隔 7～10 天，视病情防治 2～3 次。

（2）防治土传病害，可于发病初期用 50％多菌灵可湿性粉剂 500 倍液灌根，每株灌药液 0.25～0.5 千克，每 7～10 天灌 1 次，连灌 3～5 次。

（3）种植前用 50％多菌灵可湿性粉剂每 667 米² 3～5 千克拌细土 40～60 千克撒施、沟施或穴施，也可播种时将药土下垫、上覆，或用 50％多菌灵可湿性粉剂 500 倍液浇灌定植穴，每穴灌药液 0.25 千克，可防治土传病害、苗期病害（包括十字花科蔬菜黑根病或褐腐病）；播前用种子重量 0.2％～0.3％的 50％多菌灵可湿性粉剂拌种，或用 50％多菌灵可湿性粉剂 500 倍液浸种 20 分钟后再用清水洗净催芽，可防治苗期病害、种传病害。

【注意事项】

（1）除不能与碱性及含铜药剂混用外，可与多种药剂混用，但与杀虫、杀螨剂混用时要随混随用，稀释的药液暂不用，静置后会出现分层现象，需摇匀后使用。

（2）长期连续使用易产生抗性，应与其他药剂轮换使用，但不宜与甲基托布津轮换。

（3）黄瓜上安全间隔期不少于 5 天，每季最多使用 2 次。

（4）在用此药防治效果下降的地区，应换用除托布津或甲基托布津以外的有效杀菌剂。

8. 三乙膦酸铝

【其他名称】疫霉灵、疫霜灵、乙磷铝、藻菌磷等。

【英文通用名称】fosetyl-aluminium

【主要剂型】40％、80％可湿性粉剂，90％可溶粉剂，80％水分散粒剂。

【毒性】低毒。

【商品药性状及作用】三乙膦酸铝可湿性粉剂为淡黄色或黄褐色粉末，可溶粉剂为白色粉末。三乙膦酸铝为内吸性杀菌剂，在植物体内能上下传导，有保护和治疗作用，耐雨水冲刷，残效期一般 2 周。

【防治对象及使用方法】防治蔬菜霜霉病、疫病、猝倒病及番茄晚疫病、茄子绵疫病、十字花科白锈病等，于发病初期用 40％三乙膦酸铝可湿性粉剂 200～250 倍液喷雾，每 7～10 天喷 1 次，连防 3 次；播前用种子重量 0.3％的 40％三乙膦酸铝可湿性粉剂与 50％福美双可湿性粉剂按 1：1 比例混合拌种，可防治苗期

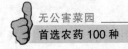
病害。

【注意事项】

（1）勿与强酸、强碱性农药混用，与福美双、多菌灵、代森锰锌等混配混用可提高防效，扩大防治范围。

（2）该药易吸潮结块，存放时要保持封闭干燥。结块一般不影响使用效果，使用时先将药块碾碎，便于溶解。

9. 甲霜灵

【其他名称】雷多米尔、瑞毒霉、甲霜安、阿普隆等。

【英文通用名称】metalaxyl

【主要剂型】25％可湿性粉剂，35％种子处理干粉剂。

【毒性】低毒。

【商品药性状及作用】甲霜灵可湿性粉剂外观为白色至米色粉末，拌种剂为紫色粉末。甲霜灵具内吸作用，可被植物根、茎、叶吸收并在植物体内随水分运转而上下传导，有良好的保护和治疗作用。

【防治对象及使用方法】防治霜霉病、疫病、晚疫病、绵疫病、白锈病等病害。

使用单剂易使病菌产生抗药性，甲霜灵除拌种剂为单剂外，只与代森锰锌、霜霉威等药剂配成复配剂在生产上使用。防治方法见复配剂，如甲霜灵·锰锌。

【注意事项】

（1）该药单独使用容易诱发病菌抗药性，除土壤处理可单独使用外，一般都用复配制剂。

（2）建议安全间隔期为 7 天。

10. 氢氧化铜

【其他名称】可杀得、冠菌铜等。

【英文通用名称】copper hydroxide

【主 要 剂 型】53.8％、77％可湿性粉剂，46％、53.8％、

57.6%水分散粒剂，57.6%可分散粒剂，37.5%悬浮剂。

【毒性】低毒（对鱼类及水产动物、鸟类有毒）。

【商品药性状及作用】氢氧化铜可湿性粉剂为蓝色粉末。该药为多孔针形晶体，喷洒后黏附性强，耐雨水冲刷，靠释放出的铜离子杀死病菌，杀菌谱广，以预防保护作用为主，并对植物生长有刺激作用。尤其是杀细菌效果更好，病菌不易产生抗药性。

【防治对象及使用方法】防治细菌性角斑病、细菌性叶斑病、黑腐病、软腐病、疮痂病、芹菜烂心病、早疫病、晚疫病、绵疫病、斑枯病、霜霉病、疫病、炭疽病、白菜白斑病等，在发病初期用77%氢氧化铜可湿性粉剂500～600倍液喷雾，7～10天喷1次，视病情防治2～3次。

【注意事项】

（1）不能与强酸、强碱性农药混用，与其他农药混用时（应先小量试验）先将可杀得溶于水，搅匀后再加入其他药剂。

（2）蔬菜幼苗期、对铜敏感的蔬菜及高温、高湿气候时慎用。

（3）与春雷霉素的混剂对苹果、葡萄、大豆和藕等作物的嫩叶敏感，使用时要注意浓度，宜在下午4时后喷药。

（4）对鱼类及水产动物有毒，使用时避免药液污染水源。

（5）番茄上安全间隔期3天，每季最多使用3次。

11. 络氨铜

【其他名称】抗枯宁、胶氨铜等。

【英文通用名称】cuaminosulfate

【主要剂型】15%、25%水剂，15%可溶粉剂。

【毒性】低毒。

【商品药性状及作用】络氨铜水剂为深蓝色含少量微粒结晶溶液。络氨铜为保护性杀菌剂，主要通过铜离子发挥杀菌作用，使病原菌细胞膜上的蛋白质凝固，同时部分铜离子渗透入病原菌细胞内与某些酶结合，影响其活性。络氨铜对西瓜等的生长具一定的促进作用，有一定的抗病和增产作用。

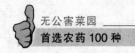
【防治对象及使用方法】

（1）防治黄瓜细菌性角斑病、番茄和甜椒疮痂病、溃疡病，于发病初期用 14％络氨铜水剂 300 倍液喷雾。

（2）防治白菜细菌性角斑病、细菌性叶斑病，于发病初用 14％络氨铜水剂 350～400 倍液喷雾。

（3）防治黄瓜、西瓜枯萎病，用 23％络氨铜水剂 250～300 倍液灌根，每株灌 200 毫升。

【注意事项】

（1）不宜与其他农药、化肥混用。

（2）在白菜等对铜制剂敏感的蔬菜上慎用。

12. 琥胶肥酸铜

【其他名称】二元酸铜、琥珀酸铜、DT 杀菌剂等。

【英文通用名称】copper（succinate＋glutarate＋adipate）

【主要剂型】30％可湿性粉剂，30％悬浮剂。

【毒性】低毒。

【商品药性状及作用】琥胶肥酸铜可湿性粉剂为淡蓝色粉末。琥胶肥酸铜主要成分是琥珀酸铜，铜离子与病原菌膜表面上的阳离子交换，使病原菌细胞膜上的蛋白质凝固，同时部分铜离子渗透进入病原菌细胞内与某些酶结合，影响其活性。可用于防治黄瓜细菌性角斑病，并对植物生长有刺激作用。

【防治对象及使用方法】防治黄瓜细菌性角斑病、叶斑病及甜椒疮痂病等细菌性病害，在发病初期用 30％琥胶肥酸铜可湿性粉剂 300～400 倍液喷雾。

【注意事项】

（1）建议在整个作物生长期最多使用 4 次，叶面喷洒药剂稀释倍数不得低于 400 倍，过浓易产生药害。

（2）十字花科蔬菜对本药敏感，使用时应特别谨慎。

（3）安全间隔期为 5～7 天。

13. 噻菌铜

【其他名称】 龙克菌等。

【英文通用名称】 thiediazole copper

【主要剂型】 20％悬浮剂。

【毒性】 低毒。

【商品药性状及作用】 噻菌铜悬浮剂为黄绿色黏稠液体。噻菌铜为杂环类有机铜杀菌剂，有内吸、治疗和保护作用。持效期长，残效期可达 10～14 天，药效稳定。对人、畜和有益生物安全，对作物安全。对细菌性病害有较好防效，也可用于防治真菌病害。

【防治对象及使用方法】 防治大白菜软腐病、黄瓜细菌性角斑病、西瓜枯萎病等，在发病初期用 20％噻菌铜（龙克菌）悬浮剂 500 倍液喷雾。

【注意事项】

（1）不能与碱性药物混用。

（2）使用时，先用少量水将悬浮剂搅拌成浓液，然后加水稀释；掌握在初发病期使用。

（3）对铜敏感的作物要慎用。

14. 腐霉利

【其他名称】 速克灵、菌核酮等。

【英文通用名称】 procymidone

【主要剂型】 50％、80％可湿性粉剂，10％、15％烟剂，20％、35％、43％悬浮剂，80％水分散粒剂。

【毒性】 低毒（对鱼类有毒）。

【商品药性状及作用】 腐霉利可湿性粉剂为浅棕色粉末。腐霉利具有一定内吸性，能向新叶传导，具有保护和治疗作用。对灰霉病、菌核病有特效，对多菌灵、苯菌灵等苯并咪唑类农药产生抗药性的病菌，用腐霉利防治有很好的效果。连年单一使用腐霉利，易

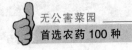
使灰霉病菌产生抗药性。

【防治对象及使用方法】 主要用于防治各种蔬菜灰霉病、菌核病，也可用于防治番茄早疫病、白菜黑斑病等。

种植前可用 10％腐霉利（速克灵）烟剂每 667 米²1～2 千克熏闷棚室 12～24 小时，或用 50％腐霉利（速克灵）可湿性粉剂400～500 倍液喷洒棚室地面、墙壁、棚膜、立柱等，减少灰霉病菌源；番茄蘸花时在蘸花液里加入 0.1％～0.3％的 50％腐霉利（速克灵）可湿性粉剂防治灰霉病；果菜类发病初期用 50％腐霉利（速克灵）可湿性粉剂 800～1 000 倍液喷雾，灰霉病重点喷花和幼果，菌核病重点喷茎基部和基部叶片，或采用 10％腐霉利（速克灵）烟剂每 667 米²棚室 1 千克熏烟，每 7 天左右防治 1 次，视病情决定防治次数；瓜类菌核病严重时，可用 50％腐霉利（速克灵）可湿性粉剂 50 倍液涂抹茎蔓发病处。防治番茄灰霉病注意抓住苗期、蘸花期、第一穗果膨大期三个关键时期。

【注意事项】

（1）不能与碱性和有机磷农药混用。

（2）在无明显抗药性地区应与其他杀菌剂轮换使用，但不能与结构相似的异菌脲（扑海因）、乙烯菌核利（农利灵）轮换使用，已产生抗性地区应暂停腐霉利（速克灵）使用，用甲霉灵或多霉灵代替。

（3）在黄瓜上，安全间隔期 1 天，每季最多使用 3 次。

15. 异菌脲

【其他名称】 扑海因、咪唑霉等。

【英文通用名称】 iprodione

【主要剂型】 50％可湿性粉剂，25％、45％、50％悬浮剂，10％乳油。

【毒性】 低毒。

【商品药性状及作用】 异菌脲可湿性粉剂为浅黄色粉末，悬浮剂为奶油色浆糊状物。异菌脲为触杀型保护性杀菌剂，可抑制孢子萌发和产生，也可控制菌丝体的生长。主要用于预防发病。药效期较长，一般 10～15 天。

【防治对象及使用方法】 用于防治灰霉病、菌核病、早疫病、黑斑病、蔓枯病、褐纹病、十字花科蔬菜褐腐病、草莓或蕹菜轮斑病、落葵蛇眼病、西葫芦根霉腐烂病、十字花科蔬菜黑根病、芦笋茎枯病等。

用种子重量 0.3％的 50％异菌脲（扑海因）可湿性粉剂拌种，对瓜类蔓枯病、菜心黑斑病、落葵蛇眼病等种子带菌病害有控制效果；播前用 50％异菌脲（扑海因）可湿性粉剂每 667 米^2 3 千克拌细土 40～50 千克均匀撒于苗床表面，留少量药土播后盖种，可防治十字花科蔬菜黑根病；种植后发病初期及时用 50％异菌脲（扑海因）可湿性粉剂 1 000 倍液喷雾，施药次数依病情而定，间隔期 7～10 天，连续施药 2～3 次；瓜类蔓枯病较重时，可用 50％异菌脲（扑海因）可湿性粉剂 500～600 倍液涂抹病茎。

【注意事项】

（1）避免与强碱性药剂混用。

（2）注意轮换用药，延缓抗药性产生，但不能与腐霉利（速克灵）、乙烯菌核利（农利灵）轮换使用。

（3）病菌对腐霉利（速克灵）产生抗药性后，异菌脲（扑海因）的防效也会下降，但下降的幅度有所不同，因此在一些腐霉利（速克灵）抗性菌存在的地区，还可使用异菌脲（扑海因），应因地制宜掌握。

（4）收获前 7 天禁止使用。

16. 噁霜·锰锌

【其他名称】 杀毒矾、噁酰胺等。

【英文通用名称】 oxadixyl·mancozeb

【主要剂型】 64％可湿性粉剂。

【毒性】 低毒（对蜜蜂、鱼类有毒）。

【商品药性状及作用】 噁霜·锰锌可湿性粉剂为米色至浅黄色

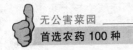
细粉末。噁霜·锰锌是噁霜灵和代森锰锌的复配剂，有内吸性，属于易产生抗药性产品。噁霜灵有内吸作用，可在植物体内上下传导，同时具有保护和治疗作用且持效期长，施药后药效可持续13～15 天，但其抗菌活性仅限于卵菌纲，代森锰锌是广谱保护性杀菌剂，二者混配后有混合增效和扩大杀菌谱的作用，是具有治疗和保护双重作用的广谱性杀菌剂。

【防治对象及使用方法】用于防治蔬菜霜霉病、早疫病、苗期猝倒病、黄瓜或青椒疫病、番茄晚疫病、茄子或番茄绵疫病、十字花科白锈病等真菌性病害。

发病初期，用 64％噁霜·锰锌（杀毒矾）可湿性粉剂 400～500 倍液喷雾，每 7～10 天喷 1 次，连喷 3 次；播前用种子重量 0.2％～0.3％的药量拌种，可防治苗期霜霉病、疫病、猝倒病。

【注意事项】

(1) 不要与碱性农药混用，注意与其他杀菌剂交替使用。

(2) 在黄瓜上安全间隔期 3 天，每季最多使用 3 次。

17. 霜脲·锰锌

【其他名称】克露、克抗灵等。

【英文通用名称】cymoxanil·mancozeb

【主要剂型】36％悬浮剂，36％、72％可湿性粉剂。

【毒性】低毒。

【商品药性状及作用】霜脲·锰锌可湿性粉剂为淡黄色粉末。霜脲·锰锌由霜脲氰与代森锰锌混配而成，霜脲氰具有接触和局部内吸性，对霜霉病和疫病有特效，能阻止病菌孢子萌发，对侵入寄主内病菌也有杀伤作用，但单独使用药效期短，代森锰锌具有触杀保护作用，二者复配后可以延长持效期。复配成的霜脲·锰锌具内吸治疗、触杀保护作用，喷后能迅速渗入植物体内，向下传导，可避免雨水、露水冲刷，该药中含有锰、锌离子，能补充植物所需的微量元素，增进长势和果实着色。

【防治对象及使用方法】用于防治蔬菜霜霉病、疫病、番茄晚疫病、茄子或番茄绵疫病、十字花科蔬菜白锈病等，还可以兼治蔬菜炭疽病、早疫病、斑枯病、黑斑病、番茄叶霉病等。

用72%霜脲锰锌可湿性粉剂600～800倍液喷雾，叶正、反面都要均匀着药，防治青椒疫病时应使药液沿茎基部流渗到根际周围的土壤里。此药价格较高，应用在刀刃上，即在病害已对产量及产值有威胁，一般药剂难以控制的关键时期使用，待病情控制后，再用其他药剂防治，这样较单一使用霜脲·锰锌更经济合理。

【注意事项】

（1）不能与碱性农药或化肥等混用；配药时先用少量水将药剂在容器内混合搅拌，再加至所需的水量，搅匀喷雾。

（2）制剂应贮存于阴凉干燥、远离食物及火源处，一次未用完的制剂须密封保存。

（3）不要单一连续使用，应和其他杀菌剂交替使用。

（4）黄瓜上安全间隔期2天，每季最多使用3次。

18. 烯酰·锰锌

【其他名称】安克·锰锌等。

【英文通用名称】dimethomorph·mancozeb

【主要剂型】50%、69%、80%可湿性粉剂。

【毒性】低毒（对鱼类有毒）。

【商品药性状及作用】烯酰·锰锌可湿性粉剂为绿黄色粉末，水分散粒剂为米色圆柱形颗粒。烯酰·锰锌由烯酰吗啉与代森锰锌混配而成。烯酰吗啉能引起藻状菌的霜霉科和疫霉属真菌孢子囊壁的分解，从而使菌体死亡，尤其在孢子囊及卵孢子形成阶段更敏感，在极低的浓度下即被抑制，若在孢子形成之前用药，即可完全抑制孢子产生。烯酰吗啉内吸性较强，与具有触杀作用的代森锰锌混配后可延长药效期，具有内吸治疗和预防保护作用。与苯基酰胺类药剂（如甲霜灵）无交互抗性。

【防治对象及使用方法】用于防治蔬菜霜霉病、疫病、番茄晚疫病、茄子或番茄绵疫病、十字花科蔬菜白锈病等。

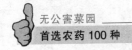

在发病初期，用 69％烯酰・锰锌可湿性粉剂或 69％烯酰・锰锌水分散粒剂 600～800 倍液均匀喷雾，防治青椒疫病时应使药液沿茎基部淋溶到根际周围的土壤里。每 7～10 天防治 1 次，连防 3～4 次。当病害较重，一般药剂不奏效时使用该药剂 600 倍液喷雾，也能取得较理想的控制效果。

【注意事项】

(1) 使用时注意防护。

(2) 药剂贮存于阴凉、干燥的地方。

(3) 注意与其他杀菌剂交替使用。

19. 霜霉威盐酸盐

【其他名称】普力克、霜霉威、丙酰胺等。

【英文通用名称】propamocarb hydrochloride

【主要剂型】35％、66.5％、72.2％水剂。

【毒性】低毒（对蜜蜂有毒）。

【商品药性状及作用】霜霉威盐酸盐水剂为无色、无味水溶液。霜霉威盐酸盐为内吸性杀菌剂，有保护、治疗及刺激植物生长的作用，可抑制病菌细胞膜合成，抑制菌丝生长、孢子囊的形成和孢子萌发。适用于土壤处理、种子处理和叶面喷雾。对猝倒病、疫病、霜霉病防效好。

【防治对象及使用方法】用于防治蔬菜霜霉病、疫病、猝倒病、番茄晚疫病、茄子或番茄绵疫病、十字花科蔬菜白锈病等。

播前土壤处理，用 72.2％霜霉威盐酸盐水剂 400～600 倍液，苗床每平方米灌药液 2～3 千克；移栽后灌根，每株灌药液 100～200 毫升；叶面喷雾，用 72.2％霜霉威盐酸盐水剂 600～800 倍液于发病初期进行，每 7～10 天喷 1 次，连续 2～3 次，在防治青椒疫病时应尽可能使喷洒的药液沿着茎基部流渗到根周围的土壤里。

【注意事项】

(1) 不能与碱性物质混用。

（2）喷药时，不要抽烟或吃东西。工作结束后，应清洗手及裸露皮肤。

（3）贮存于阴凉、干燥、通风和远离食品、饲料的地方；切勿让儿童接触此药。

（4）在蔬菜收获前 10 天停止使用。

20. 噻菌灵

【其他名称】特克多、涕必灵、噻苯灵等。

【英文通用名称】thiabendazole

【主要剂型】15％、42％、45％、50％悬浮剂，40％可湿性粉剂，60％水分散粒剂。

【毒性】低毒（对鱼类有毒）。

【商品药性状及作用】噻菌灵悬浮剂为奶油色黏稠液体。噻菌灵具有保护和治疗及内吸传导作用，作用机制是抑制真菌线粒体的呼吸作用和细胞增殖。根施时能向顶传导，但不能向基传导。抗菌活性限于子囊菌、担子菌和半知菌，而对卵菌和接合菌无活性。与多菌灵等苯并咪唑药剂有正交互抗药性。

【防治对象及使用方法】用于防治灰霉病、菌核病、斑枯病、炭疽病、蔓枯病、枯萎病、根腐病、褐斑病、十字花科蔬菜黑根病、落葵蛇眼病、蕹菜轮斑病、莲藕腐败病及豆瓣菜、生菜、菊苣等丝核菌腐烂病等病害。

可根据具体情况酌情采用熏烟、喷雾、浇灌、药土方法施药。

种植前可用 45％噻菌灵悬浮剂 500～600 倍液仔细喷洒地面、墙壁、立柱、棚膜等进行环境消毒，减少灰霉病菌；发病初期，用 45％噻菌灵悬浮剂 800～1 200 倍液喷雾，每 7～10 天防治 1 次，连防 2～3 次。

防治枯萎病、根腐病等土传病害，可于定植前用 45％噻菌灵悬浮剂 800～1 000 倍液浇灌定植穴，每穴灌药液 0.25 千克，发病初期可用相同浓度灌根，每株灌药液 0.25～0.5 千克，每7～10 天灌 1 次，依病情灌 2～3 次。

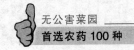
防治莲藕腐败病，在清除发病茎节后排水施药，每 667 米² 用 45％噻菌灵悬浮剂 1.5～3 千克直接拌细土 20～30 千克，或药剂对适量水后让细土吸入再均匀撒入浅水层。

在食用菌生产中防治蘑菇褐腐病，用 50％噻菌灵悬浮剂拌料或覆土，用量为每 100 千克料（覆土）拌入药剂 80 克；也可用 50％噻菌灵悬浮剂 1～1.5 克/米²，对水，在菇床上喷雾防治。

【注意事项】

（1）不能与铜制剂混用。

（2）对鱼有毒，不要污染池塘和水源。

（3）在蘑菇上，拌料施用的安全间隔期为 65 天，每季最多使用 1 次；喷雾施用的安全间隔期为 55 天，每季最多使用 3 次。

21. 甲霜·锰锌

【其他名称】 瑞毒霉·锰锌、雷多米尔·锰锌等。

【英文通用名称】 metalaxyl·mancozeb

【主要剂型】 58％、72％可湿性粉剂。

【毒性】 低毒。

【商品药性状及作用】 甲霜·锰锌可湿性粉剂为黄色至浅绿色粉末。甲霜·锰锌为内吸广谱性杀菌剂，由甲霜灵与代森锰锌混配而成，兼具甲霜灵和代森锰锌的杀菌特点，扩大了两个单剂的杀菌谱，可延缓病菌产生抗药性。

【防治对象及使用方法】 主要用于防治霜霉菌、疫霉菌、白锈菌和腐霉菌所致的病害，如霜霉病、疫病（包括晚疫病、绵疫病）、腐霉病、白锈病、西葫芦褐腐病。还可兼治炭疽病、早疫病、黑斑病等。

用 58％甲霜·锰锌可湿性粉剂 400～500 倍液于发病初期喷雾，应使叶正、反面都均匀着药，每 7～10 天喷 1 次，视病情喷 2～3 次。

【注意事项】

（1）应与其他有效的保护性或治疗性杀菌剂百菌清、安克·锰锌、克露等交替使用。

（2）在黄瓜上安全间隔期1天，每季最多使用3次。

（3）其他事项参见甲霜灵和代森锰锌。

22. 咪鲜胺锰盐

【其他名称】施保功、使百功等。

【英文通用名称】prochloraz-manganese chloride complex

【主要剂型】50％、60％可湿性粉剂。

【毒性】低毒（对鱼类中毒）。

【商品药性状及作用】咪鲜胺锰盐可湿性粉剂为灰白色粉末。咪鲜胺锰盐由咪鲜胺和氯化锰络合而成，是咪唑类广谱性杀菌剂，通过抑制甾醇的生物合成而起作用，尽管无内吸作用，但具有良好的传导性能。对炭疽病、蘑菇褐腐病和褐斑病防治效果较好。

【防治对象及使用方法】蔬菜上主要用于防治炭疽病、蘑菇褐腐病和褐斑病。

（1）防治炭疽病，于发病初期用50％咪鲜胺锰盐可湿性粉剂1 000～1 500倍液喷雾，每7～10天喷1次，连喷2～3次。

（2）防治蘑菇褐腐病和褐斑病可采用两种方法。

①在菇床覆土前每平方米覆盖土用50％咪鲜胺锰盐可湿性粉剂商品量0.8～1.2克对水1千克，均匀拌土覆盖于已接菇种的菇床上；第二潮菇转批后每平方米菇床用50％咪鲜胺锰盐可湿性粉剂商品量0.8～1.2克加水1千克均匀喷于菇床上。

②在菇床覆土后5～9天，每平方米菇床用50％咪鲜胺锰盐可湿性粉剂商品量0.8～1.2克对水1千克，均匀喷于菇床上，等第二潮菇转批后再重复喷1次。

【注意事项】

（1）对鱼有毒，避免污染鱼塘、河道、水沟。

（2）瓜类苗期减半用药。

（3）贮存于阴凉、干燥、通风处。

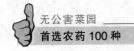
（4）安全间隔期为 10 天。

23. 咪鲜胺

【其他名称】扑霉灵、丙灭菌、施保克、咪鲜安等。

【英文通用名称】prochloraz

【主要剂型】50％可湿性粉剂，25％乳油，45％水乳剂。

【毒性】低毒（对鱼类中毒）。

【商品药性状及作用】咪鲜胺属咪唑类广谱性杀菌剂，通过抑制甾醇的生物合成而起作用，尽管无内吸作用，但具有良好的传导性能，有治疗、铲除等杀菌作用。对炭疽病、褐斑病和蘑菇褐腐病、白腐病防治效果较好。

【防治对象及使用方法】蔬菜上主要用于防治炭疽病、褐斑病和蘑菇褐腐病、白腐病。

（1）防治炭疽病，于发病初期用 25％咪鲜胺乳油 3 000～4 000 倍液喷雾，每 7～10 天喷 1 次，连喷 2～3 次。

（2）防治褐斑病，用 25％咪鲜胺乳油 1 000～1 500 倍液喷雾。

【注意事项】参照咪鲜胺锰盐。

24. 溴菌腈

【其他名称】炭特灵、休菌腈等。

【英文通用名称】bromothalonil

【主要剂型】25％可湿性粉剂，25％乳油。

【毒性】低毒。

【商品药性状及作用】溴菌腈可湿性粉剂为淡灰色疏松粉末。溴菌腈是一种新型、广谱的防腐、防霉杀菌剂，能抑制和杀死细菌、真菌和藻类的生长。对多种蔬菜炭疽病有特效。与其他保护性杀菌剂混配使用，具有保护和治疗效果。

【防治对象及使用方法】用于防治白菜黑斑病、软腐病，西瓜枯萎病或根腐病，芹菜斑枯病以及食用菌上由多种杂菌引起的病害。

（1）防治炭疽病、白菜黑斑病、芹菜斑枯病，于发病前或初期，用 25％溴菌腈可湿性粉剂 500～800 倍液喷雾，每 10 天左右防治 1 次，视病情防治 2～3 次。防治炭疽病，还可于种植前用 25％溴菌腈可湿性粉剂每 667 米^2 3～5 千克拌细土 40～50 千克沟施或穴施进行土壤灭菌。

（2）防治白菜软腐病，于发病初期、6～10 片真叶期，于晴天下午用 25％溴菌腈可湿性粉剂 300～500 倍液灌根，每株灌药液 0.25～0.35 千克，每 10 天左右灌 1 次，视病情灌 2～3 次。

（3）防治西瓜枯萎病或根腐病，于发病初期、3～5 片真叶期用 25％溴菌腈可湿性粉剂 400～500 倍液灌根，每株灌药液 0.25～0.5 千克，每 10 天左右灌 1 次，视病情灌 2～3 次。

（4）防治食用菌杂菌病害，将 25％溴菌腈可湿性粉剂按培养料重量的 0.14％～0.2％拌入培养料。

【注意事项】

（1）使用时充分摇匀。

（2）注意对眼睛和皮肤的防护。

（3）贮存于干燥、阴凉、通风的地方。

（4）不宜与食物、饲料一起存放和运输。

25. 福·福锌

【其他名称】炭疽福美等。

【英文通用名称】ziram·thiram

【主要剂型】40％、60％、80％可湿性粉剂。

【毒性】低毒。

【商品药性状及作用】福·福锌可湿性粉剂为灰色粉末，是福美锌与福美双混合制剂。其作用机制是通过抑制病菌的丙酮酸氧化而中断其代谢过程，从而导致病菌死亡，有抑菌和杀菌双重作用，以预防作用为主，兼有治疗作用。

【防治对象及使用方法】主要防治多种蔬菜炭疽病，兼治霜霉病、白粉病，还可防治果菜类立枯病。

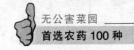

可采用拌种、药土、喷雾方法。用种子重量 0.3％～0.4％的 80％福·福锌可湿性粉剂拌种可减少炭疽病在种子上的带菌量；每 667 米² 用 80％福·福锌可湿性粉剂 3～5 千克拌细土40～50 千克沟施或穴施，可防治炭疽病、果菜类立枯病；发病初期用 80％福·福锌可湿性粉剂 500 倍液喷雾，除防治炭疽病外，可兼治霜霉病、白粉病，每 7～10 天喷 1 次，连喷 2～3 次。

【注意事项】

（1）可与一般杀菌剂混用，但不能与含铜制剂混用。

（2）做好安全防护，贮存于阴凉、干燥、通风、远离食品和饲料处。

26. 氟硅唑

【其他名称】福星、新星、克菌星等。

【英文通用名称】flusilazole

【主要剂型】40％乳油，10％、25％水乳剂，8％微乳剂，20％可湿性粉剂。

【毒性】低毒（对鱼类有毒）。

【商品药性状及作用】氟硅唑乳油为棕色液体。氟硅唑为三唑类杀菌剂，能破坏和阻止病菌的细胞膜重要组成成分麦角甾醇的生物合成，导致细胞膜不能形成，使病菌死亡。有预防兼治疗作用。具有用量少、安全、能迅速渗入植物体内、耐雨水冲刷等特点。对白粉病、锈病、黄瓜黑星病防治效果理想。

【防治对象及使用方法】用于防治白粉病、锈病、斑枯病、早疫病、黄瓜黑星病、番茄叶霉病、草莓蛇眼病、茭白胡麻叶斑病等。

发病初期用 40％氟硅唑乳油 8 000～10 000 倍液喷雾，每7～10 天喷 1 次，视病情防治 2 次。本药使用浓度较低，用药时可在药液中加一些展着剂，如消抗液或解抗灵等，以增加防效。

【注意事项】

（1）注意与其他药剂交替使用，避免病菌产生抗性。

（2）贮存于阴凉、干燥、远离食品和饲料及火源的地方。

（3）用后的空瓶要深埋或按有关规定处理，不可随处丢弃。

（4）防止对鱼毒害和污染水源。

（5）在黄瓜上安全间隔期为 3 天，每季最多使用 2 次。

27. 硫磺·多菌灵

【其他名称】 多硫、灭病威等。

【英文通用名称】 carbendazim·sulfur

【主要剂型】 40％、42％、50％悬浮剂，25％、50％可湿性粉剂。

【毒性】 低毒。

【商品药性状及作用】 40％硫磺·多菌灵悬浮剂为灰白色带浅黄色的可流动悬浮液。硫磺·多菌灵由多菌灵和硫磺混配而成的广谱杀菌剂，不仅对多菌灵、硫磺能防治的病害均有效，而且还有增效及延缓病菌对多菌灵产生抗性的作用。该药具有一定的内吸性，兼具预防和治疗作用。

【防治对象及使用方法】 用于防治白粉病、炭疽病、褐纹病、锈病、斑枯病及瓜类蔓枯病，番茄叶霉病，茼蒿、豆瓣菜、荷兰豆、芦笋、根甜菜、罗勒等蔬菜褐斑病，草莓、蕹菜轮斑病，草莓、落葵等蔬菜蛇眼病，芦笋茎枯病，小西葫芦根霉腐烂病，茭白胡麻叶斑病等。

于发病初期，用 40％硫磺·多菌灵悬浮剂 400～600 倍液喷雾，10 天左右防治 1 次，依病情连防 2～3 次；小西葫芦根霉腐烂病较重的棚室，可先在种植前用 40％硫磺·多菌灵悬浮剂 300 倍液喷洒土壤、墙壁、棚膜、立柱等进行表面灭菌，种植后发病初期再及时喷药。

【注意事项】

（1）为防止药害，在气温较高的季节应早、晚施药，避开高温。

（2）对硫磺敏感的蔬菜如黄瓜等使用时适当降低施药浓度和减

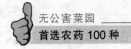
少施药次数。

（3）不要与金属盐类药剂混用；不可贮存于铁、锌等金属容器内，宜放于阴凉、干燥、通风处。

（4）其他注意事项见多菌灵。

28. 啶酰菌胺

【其他名称】凯泽等。

【英文通用名称】boscalid

【主要剂型】50％水分散粒剂。

【毒性】低毒。

【商品药性状及作用】啶酰菌胺是新型烟酰胺类杀菌剂，通过叶面渗透在植物中转移，抑制线粒体琥珀酸酯脱氢酶，阻碍三羧酸循环，使氨基酸、糖缺乏，能量减少，干扰细胞的分裂和生长，对病害有神经活性，具有保护和治疗作用。抑制孢子萌发、芽管伸长、附着器形成，在真菌的所有其他生长期也有效，杀菌作用由母体活性物质直接引起，没有相应代谢活性。与多菌灵、速克灵等无交互抗性。

【防治对象及使用方法】防治草莓、番茄、黄瓜等灰霉病、早疫病时，在发病初期或发生前用50％啶酰菌胺水分散粒剂1 500倍液喷雾。

29. 嘧霉胺

【其他名称】施佳乐等。

【英文通用名称】pyrimethanil

【主要剂型】20％、30％、40％悬浮剂，20％、40％可湿性粉剂，40％、70％、80％水分散粒剂，25％乳油。

【毒性】低毒。

【商品药性状及作用】嘧霉胺悬浮剂为灰棕色液体。嘧霉胺为新一代灰霉病防治药剂，属于苯胺杂环类杀菌剂，具有内吸传导和很强的熏蒸作用，有保护和治疗病害的作用。可以抑制病菌分泌侵染酶，不论灰霉病菌是否对其他杀菌剂有抗性，均能取得稳定和良好的防效。

【防治对象及使用方法】主要用于防治蔬菜灰霉病，也可用于防治早疫病、番茄叶霉病、黄瓜黑星病。

（1）防治灰霉病，对灰霉病发生较重的棚室，种植前用40%嘧霉胺悬浮剂600倍液喷洒土壤、墙壁、棚膜、立柱等进行表面灭菌，种植后发现病株及时用800～1 200倍液喷雾，每7天左右喷1次，连喷3次，果菜类灰霉病重点喷花、果。

（2）防治早疫病、番茄叶霉病、黄瓜黑星病，发病初期用40%嘧霉胺悬浮剂1 000～1 200倍液喷雾，隔7～10天防治1次，视病情防治2～3次。

【注意事项】

（1）注意轮换用药。

（2）如有不适立即送医院对症治疗。

（3）本剂不可接触皮肤及眼睛，施药时应注意防护，药后应及时用肥皂洗手。

（4）安全间隔期为3天。

30. 丙森锌

【其他名称】泰生、安泰生等。

【英文通用名称】propineb

【主要剂型】70%、80%可湿性粉剂、水分散粒剂。

【毒性】低毒（对鱼类中等毒）。

【商品药性状及作用】丙森锌可湿性粉剂为白色或微黄色粉末。丙森锌为广谱保护性杀菌剂，具有较好的速效性和残效性。作用于真菌细胞壁和蛋白质的合成，抑制孢子的侵染和萌发，同时还能抑制菌丝体的生长，导致其变形、死亡。

【防治对象及使用方法】主要用于防治番茄晚疫病、早疫病、蔬菜霜霉病，还可用于防治蔬菜白粉病、锈病、灰霉病等及抑制螨类为害。在发病初期用70%丙森锌可湿性粉剂500倍液喷雾，每

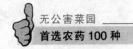
7～10 天防治 1 次，连防 3～4 次，在气候适合发病时，若提早于发病前喷药保护，控制效果更理想。

【注意事项】

（1）本药主要起预防保护作用，应在发病前或发病初期使用。

（2）不能与碱性农药或含铜的农药混用，如前后分别使用，应间隔 7 天以上。

（3）如与其他杀菌剂混用，必须先进行少量混用试验，避免药害和混合后药物发生分解作用。

（4）注意与其他杀菌剂交替使用。

（5）使用时注意安全防护。

31. 松脂酸铜

【其他名称】 绿乳铜等。

【主要剂型】 12%、23%乳油，20%水乳剂。

【毒性】 低毒。

【商品药性状及作用】 松脂酸铜乳油为蓝绿色油状液体。松脂酸铜为广谱、高效保护性杀菌剂，可抑制真菌、细菌蛋白质合成，致使菌体死亡，还具有优良展着性、黏着性，药后遇雨也能保证较好的防效，比无机铜制剂安全。可作为替代波尔多液的杀菌剂。

【防治对象及使用方法】 用于防治蔬菜多种真菌、细菌病害。如霜霉病、疫病（包括晚疫病、绵疫病）、早疫病、炭疽病、枯萎病、细菌性角斑病或叶斑病、黑腐病、软腐病、幼苗猝倒病或立枯病等。对病毒病也有一定效果。

常用 12%松脂酸铜乳油 600～1 000 倍液于发病前或发病初期喷雾，防治青椒或黄瓜疫病时，应尽可能使药液沿茎基部流渗到根际周围的土壤里，每 7～10 天防治 1 次，连防 3～4 次；对为害根或根茎部的病害可采用 600 倍液于发病初期灌根，每株灌药液 0.25～0.3 千克，每 7～10 天灌 1 次，视病情灌 2～3 次。

【注意事项】

（1）不能与强酸、强碱性农药和化肥混用。

（2）对铜离子敏感的作物要慎用。

（3）置于阴凉、干燥处保存。

32. 异菌·福美双

【其他名称】利得等。

【英文通用名称】thiram·iprodione

【主要剂型】50％可湿性粉剂。

【毒性】低毒。

【商品药性状及作用】异菌·福美双为异菌脲（扑海因）与福美双复配杀菌剂。二者混配后具有价格便宜、效果明显、不易产生抗药性的特点，对灰霉病抗药性菌株有特效，并对多种细菌病害有兼治作用。

【防治对象及使用方法】用于防治蔬菜灰霉病、菌核病、炭疽病、十字花科黑斑病、番茄早疫病、芹菜斑枯病等。

于发病初期用50％异菌·福美双可湿性粉剂 800～1 000倍液喷雾。播前用种子重量 0.3％～0.4％的 50％异菌·福美双可湿性粉剂拌种，可减少炭疽病菌在种子上的带菌量。

【注意事项】

（1）不能与铜、汞制剂及碱性农药混合使用。

（2）避免连续使用，应与其他药剂交替使用。

（3）本药对眼睛和皮肤有刺激作用，施药后要用肥皂洗手、洗脸，误服者应催吐洗胃。

（4）存放于干燥、阴凉处。

33. 锰锌·腈菌唑

【其他名称】仙生等。

【英文通用名称】myclobutanil·mancozeb

【主要剂型】25％、40％、50％、60％、62.25％可湿性粉剂。

【毒性】低毒。

【商品药性状及作用】锰锌·腈菌唑为腈菌唑与代森锰锌的混

117

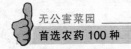
配剂。该药能抑制真菌细胞膜上重要成分麦角醇的合成，使病菌的细胞膜强度改变，影响通透性及膜酵素的作用，瓦解病原菌菌丝伸展，阻止孢子附着，抑制孢子生长和繁殖，具有预防、治疗、根除三重效果，且内吸性强、耐雨水冲刷、不易产生抗性、无药害。对瓜类白粉病、黑星病有特效。

【防治对象及使用方法】用于防治瓜类白粉病、黑星病，兼治瓜类霜霉病、炭疽病、蔓枯病。于发病初期用62.25％锰锌•腈菌唑可湿性粉剂400～600倍液喷雾，每隔7～10天喷1次，连续使用1～3次。对于瓜类白粉病、黑星病，可先用锰锌•腈菌唑防治1～2次，再换用80％代森锰锌可湿性粉剂进行保护。

【注意事项】

（1）病菌对本药虽不易产生抗药性，也要注意与其他杀菌剂轮换使用，以延长其使用年限。

（2）本药易吸湿受潮，开袋后如未及时用完，务必扎紧袋口以免受潮。

（3）黄瓜采收前18天停止使用。

34. 噁霉灵

【其他名称】土菌消、抑霉灵、绿亨1号、立枯灵、F-319、SF-6505等。

【英文通用名称】hymexazol

【主要剂型】8％、15％、30％水剂，70％可湿性粉剂，70％种子处理干粉剂，70％可溶粉剂，0.1％颗粒剂。

【毒性】低毒。

【商品药性状及作用】噁霉灵水剂为浅黄棕色透明液体，可湿性粉剂为白色细粉，带有轻微特殊刺激气味。该药为内吸性杀菌剂，同时又是一种土壤消毒剂，进入土壤以后能够被土壤吸收，与土壤中的铁铅离子结合，抑制病原微生物孢子的萌发，对腐霉菌、镰刀菌、丝核菌等具有很强的杀灭作用，对于由这些病原引起的猝倒病有较好的预防作用。此外，该药在植物体内的代谢产物之一N-

葡萄糖苷具有极高的生理活性，可促进根系发育和植物生长。

【防治对象及使用方法】用于防治蔬菜枯萎病、根腐病、黄萎病（茄子）、猝倒病、立枯病、菌核病、疫病（大椒、黄瓜）、沤根等多种土传病害及苗期病害。

（1）苗床用药　播种前每平方米苗床用15％噁霉灵水剂450倍液均匀喷洒，或按上述用药量拌细土10～20千克充分掺匀后取1/3撒在畦面，余下2/3播后作盖土。幼苗期发现病株立即拔除，同时用上述药土均匀撒在苗床上，或用药液喷洒；移栽前2～3天再施1次药，效果更佳。

（2）大田用药　发病前或发病初期用30％噁霉灵水剂800倍液灌根，每株灌100～150毫升。

【注意事项】

（1）本药用于拌种时，宜干拌，湿拌和闷种时易出现药害。

（2）严格控制用药量，以防抑制作物生长。

（3）施药时应穿工作服并注意防护；施药后用肥皂水清洗裸露皮肤。

（4）在低温、干燥、通风处保存。

35. 苯醚甲环唑

【其他名称】世高、敌萎丹等。

【英文通用名称】difenoconazole

【主要剂型】10％、37％水分散粒剂，10％、20％微乳剂，25％乳油，30％、40％悬浮剂，5％、10％、20％水乳剂，10％、12％、30％可湿性粉剂。

【毒性】低毒（对鱼及水生生物有毒）。

【商品药性状及作用】苯醚甲环唑水分散粒剂为米黄至棕色细粒。苯醚甲环唑是一种内吸广谱杀菌剂，对多种蔬菜和果树的叶斑病、白粉病、锈病及黑星病等病害，有较好的治疗效果。

【防治对象及使用方法】防治白粉病、黑星病、叶霉病等病害，

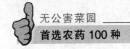
在发病初期用 10％苯醚甲环唑水分散粒剂 2 000～3 000 倍液喷雾。

【注意事项】

（1）对鱼及水生生物有毒，切忌污染鱼塘、水池及水源器。

（2）避免在低于 10℃和高于 30℃条件下贮存。

36. 四氟醚唑

【其他名称】朵麦可等。

【英文通用名称】tetraconazole

【主要剂型】4％、12.5％水乳剂。

【毒性】低毒（对鱼有毒）。

【商品药性状及作用】四氟醚唑原药为无色黏性液体。四氟醚唑属三唑类杀菌剂，可抑制真菌线粒体的呼吸作用和细胞增殖；与苯菌灵等苯并咪唑药剂有正交互抗药性。四氟醚唑有内吸传导作用，根施时能向顶传导，但不能向基传导，可茎叶处理，也可作种子处理使用。有治疗和保护作用，抗菌活性限于子囊菌、担子菌、半知菌，对卵菌和接合菌无活性。

【防治对象及使用方法】用于防治草莓、黄瓜、甜瓜、哈密瓜等白粉病或瓜类蔓枯病等。

于发病初期用 4％四氟醚唑水乳剂 1 500 倍液喷雾。

每个生长季节不要连续单一使用，最好与其他不同作用机理的杀菌剂轮换使用。每隔 10 天左右施药 1 次，每季作物最多施药 3 次。

【注意事项】

（1）使用本药剂时，注意不要污染池塘和水源。

（2）建议安全间隔期为 7 天。

37. 啶氧菌酯

【英文通用名称】picoxystrobin

【主要剂型】22.5％悬浮剂。

【毒性】微毒。

【商品药性状及作用】啶氧菌酯悬浮剂为灰白色液体，无特殊气味。啶氧菌酯为甲氧基丙烯酸酯类杀菌剂，有铲除、保护、渗透和内吸作用，药剂进入病菌细胞内，抑制线粒体的呼吸作用，破坏病菌的能量合成。由于缺乏能量供应，病菌孢子萌发、菌丝生长和孢子的形成都受到抑制。啶氧菌酯一旦被叶片吸收，就会在木质部中移动，随水流在运输系统中流动；也在叶片表面的气相中流动并随着从气相中吸收进入叶片后又在木质部中流动。防治对 14-脱甲基化酶抑制剂、苯甲酰胺类、二羧酰胺类和苯并咪唑类产生抗性的菌株有效。

【防治对象及使用方法】

（1）防治黄瓜霜霉病，每 667 米^2 用 22.5％啶氧菌酯悬浮剂 120～160 毫升，对水喷雾。

（2）防治辣椒炭疽病，每 667 米^2 用 22.5％啶氧菌酯悬浮剂 100～120 毫升，对水喷雾。

（3）防治西瓜炭疽病、蔓枯病，每 667 米^2 用 22.5％啶氧菌酯悬浮剂 140～180 毫升，对水喷雾。

38. 醚菌酯

【其他名称】翠贝等。

【英文通用名称】kresoxim-methyl

【主要剂型】30％可湿性粉剂，50％、60％、80％水分散粒剂，30％、40％悬浮剂。

【毒性】低毒（对鱼、水生生物有毒）。

【商品药性状及作用】醚菌酯水分散粒剂为暗棕色颗粒，具轻微的硫黄气味。醚菌酯为新型仿生杀菌剂，杀菌谱广，有保护和治疗作用。该药剂阻断病菌线粒体呼吸链的电子传递过程，抑制其能量的供应。耐雨水冲刷，持效期长。对白粉病、炭疽病、黑星病有特效，对黑斑病、早疫病、晚疫病、叶斑病等也有较好防效。

【防治对象及使用方法】防治白粉病、炭疽病、黑斑病、早疫病、晚疫病、叶斑病等，用 50％醚菌酯水分散粒剂 2 000～3 000 倍

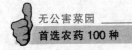
液喷雾，隔 10～14 天再喷 1 次，若气候条件等因素不利于作物，则每 7～10 天 1 次。

【注意事项】

（1）安全间隔期 4 天，每季节作物最多施药 3～4 次。

（2）不可与强酸、强碱性的农药等物质混合使用。

（3）苗期注意减少用量，以免对新叶产生危害。

39. 嘧菌酯

【其他名称】阿米西达、安灭达等。

【英文通用名称】azoxystrobin

【主要剂型】25％悬浮剂，20％、50％、60％水分散粒剂。

【毒性】低毒。

【商品药性状及作用】嘧菌酯纯品为白色固体。嘧菌酯为仿生杀菌剂，是线粒体呼吸抑制剂，抑制病菌产孢、孢子萌发和菌丝生长。杀菌谱广，具有保护、治疗、铲除、渗透、内吸活性。对 14 - 脱甲基化酶抑制剂、苯甲酰胺类、二羧酰胺类和苯并咪唑类产生抗性的菌株有效。

【防治对象及使用方法】防治霜霉病、晚疫病、炭疽病、白粉病、斑枯病、早疫病等，用 25％嘧菌酯悬浮剂1 500倍液喷雾。

【注意事项】

（1）严禁一个生长季使用超过 4 次，而且要根据病害种类与其他药剂交替使用。

（2）避免与乳油类农药混用。在苹果、梨上严禁使用本药。

（3）在番茄上使用时，禁止阴天用药，应在晴天上午施用。

（4）番茄、辣椒、茄子等安全间隔期 3 天，黄瓜安全间隔期 2～6 天。

40. 三唑酮

【其他名称】百理通、粉锈宁等。

【英文通用名称】triadimefon

【主要剂型】15％、25％可湿性粉剂，10％、15％、20％乳油，15％烟雾剂。

【毒性】低毒。

【商品药性状及作用】三唑酮可湿性粉剂为白色至浅黄色粉末，乳油为黄棕色油状液体。三唑酮为高效、低毒、低残留、持效期长、内吸性强的三唑类杀菌剂，有预防、铲除、治疗、熏蒸等作用。被植物的各部分吸收后，能在植物体内传导。对锈病和白粉病有较好防效。对鱼类及鸟类较安全，对蜜蜂和天敌无害。

【防治对象及使用方法】防治瓜类白粉病、豆类锈病等，用25％三唑酮可湿性粉剂2 000～3 000倍液喷雾。

【注意事项】

（1）要按规定用药量使用，否则作物易受药害。

（2）黄瓜上安全间隔期不少于3天，甜瓜上安全间隔期不少于5天，每季最多使用2次。

41. 菌核净

【其他名称】纹枯利等。

【英文通用名称】dimetachlone

【主要剂型】40％可湿性粉剂。

【毒性】低毒。

【商品药性状及作用】菌核净可湿性粉剂为淡棕色粉末。菌核净为亚胺类杀菌剂，有保护、杀菌和内渗治疗作用，残效期长。用于防治各种蔬菜菌核病、灰霉病等。

【防治对象及使用方法】防治番茄、黄瓜等蔬菜菌核病、灰霉病，于发病初期用40％菌核净可湿性粉剂1 000倍液喷雾，隔10天左右再喷1次。

【注意事项】

（1）避免和碱性强的农药混用。

（2）施药时应按照农药安全防护要求。

（3）密闭封存于干燥、避光、通风处。

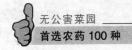
42. 氧化亚铜

【其他名称】靠山等。

【英文通用名称】cuprous oxide

【主要剂型】86.2％可湿性粉剂，86.2％水分散粒剂。

【毒性】中毒。

【商品药性状及作用】氧化亚铜可湿性粉剂为红褐色粉末。氧化亚铜的杀菌作用主要靠铜离子，它与真菌或细菌体内蛋白质中的一些基团起作用，导致病菌死亡。可用于防治番茄早疫病、黄瓜霜霉病。

【防治对象及使用方法】

（1）防治黄瓜霜霉病，于发病初期，用86.2％氧化亚铜可湿性粉剂 500 倍液喷雾。

（2）防治番茄早疫病，于发病初期，用86.2％氧化亚铜可湿性粉剂 600～800 倍液喷雾，每隔 7～10 天喷 1 次，连续防治 2～3 次。

【注意事项】

（1）施药时注意防护，如药剂沾染皮肤或溅入眼中，立即用大量清水冲洗。

（2）低温、潮湿或高温气候条件下慎用。

（3）对铜敏感的作物慎用。

43. 氟菌唑

【其他名称】特富灵、三氟咪唑等。

【英文通用名称】triflumizole

【主要剂型】30％可湿性粉剂。

【毒性】低毒（对鱼类有毒）。

【商品药性状及作用】氟菌唑可湿性粉剂为无味灰白色粉末。氟菌唑为有机杂环类杀菌剂，有内吸、保护和治疗作用。杀菌谱广，对蔬菜白粉病有较好的防效。

【防治对象及使用方法】防治黄瓜等瓜类及茄果类白粉病，于发病初期用30％氟菌唑可湿性粉剂1 500～2 000倍液喷雾，隔10天再喷1次。

【注意事项】

（1）施药后立即洗净脸、手、脚等裸露部分，并漱口。

（2）不可将剩余药液倒入池塘、湖泊，以防鱼类中毒；也要防止刚施过药的田水流入河、塘。

（3）高浓度用于瓜类，前期会发生深绿化症，须按照规定浓度使用。

（4）黄瓜上安全间隔期2天，每季最多使用2次。

44. 亚胺唑

【其他名称】霉能灵、酰胺唑等。

【英文通用名称】imibenconazole

【主要剂型】5％、15％可湿性粉剂。

【毒性】低毒。

【商品药性状及作用】亚胺唑可湿性粉剂为白色细粉末。亚胺唑是广谱性三唑类杀菌剂，有保护和治疗作用，主要是破坏和阻止病菌的细胞膜重要组成部分麦角甾醇的生物合成，从而破坏细胞膜的形成，导致病菌死亡。喷到作物上后能快速渗透到植物体内，耐雨水冲刷。土壤施药不能被根吸收。

【防治对象及使用方法】防治黑星病，在发病初期用5％亚胺唑可湿性粉剂1 000～1 400倍液喷雾。

【注意事项】

（1）不能与酸性和强碱性农药混用。

（2）施药时做好安全防护。

（3）在鸭梨上可引起轻微药害。

（4）推荐安全间隔期为21天。

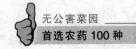
45. 丙硫多菌灵

【其他名称】施宝灵、丙硫咪唑等。

【英文通用名称】albendazole

【主要剂型】10％水分散粒剂，10％悬浮剂。

【毒性】低毒。

【商品药性状及作用】丙硫多菌灵纯品为白色粉末。丙硫多菌灵为低毒、广谱、内吸性苯并咪唑类杀菌剂，有保护和治疗作用，对病原菌孢子萌发有较强的抑制作用。可有效地防治霜霉菌、白粉菌和腐霉菌引起的病害。

【防治对象及使用方法】

（1）防治黄瓜霜霉病、白粉病及大白菜霜霉病，于发病初期用 20％丙硫多菌灵悬浮剂 600～700 倍液喷雾。

（2）防治西瓜炭疽病，于发病初期用 10％丙硫多菌灵水分散粒剂 400～600 倍液喷雾。

隔 5～7 天喷 1 次，连续防治 2～3 次。

（3）防治辣椒疫病，用 20％丙硫多菌灵可湿性粉剂 200 倍液灌根。

【注意事项】

（1）不能与铜制剂混用。

（2）喷药后 24 小时内下雨应尽快补喷。

46. 二氯异氰尿酸钠

【其他名称】优氯特、优氯克霉灵等。

【英文通用名称】sodium dichloroisocyanurate

【主要剂型】20％、40％、50％可溶粉剂，66％烟剂。

【毒性】低毒。

【商品药性状及作用】二氯异氰尿酸钠可溶粉剂为白色粉末。二氯异氰尿酸钠对人、畜、禽等动物性病原细菌的繁殖体、芽孢及真菌和病毒，对鱼、虾池中的细菌、真菌、病毒及部分原虫，对蔬菜、瓜类、果树、小麦、水稻、花生、棉花等田间作物的病原细菌、真菌、病毒均有极强的杀灭能力。对食用菌栽培过程中易发生的霉菌及多种病害有较强的消毒和杀菌能力。

【防治对象及使用方法】

（1）防治平菇、香菇、金针菇等绿霉病，每 100 千克干料用 40％二氯异氰尿酸钠可溶粉剂 100～120 克拌料。

（2）菇房消毒杀灭霉菌，可用 66％二氯异氰尿酸钠烟剂 6～8 克/米³，熏烟。

（3）防治黄瓜霜霉病、番茄早疫病、茄子灰霉病，于发病初期用 20％二氯异氰尿酸钠可溶粉剂 300～400 倍液喷雾，间隔 7 天 1 次，共喷 3 次。配药时先将药加少量水调成糊状，再加水稀释成使用倍数后进行喷雾。

【注意事项】

（1）本药宜单独使用。喷药宜在傍晚进行。

（2）在木耳、银耳、猴头菇栽培中慎用。

（3）勿与强酸、强碱以及铜制剂混用。

47. 嘧啶核苷类抗菌素

【其他名称】农抗 120、抗霉菌素 120、120 农用抗菌素等。

【主要剂型】2％、4％、6％水剂，10％可湿性粉剂。

【毒性】低毒。

【商品药性状及作用】嘧啶核苷类抗菌素水剂为褐色液体。嘧啶核苷类抗菌素为广谱抗菌素，直接阻碍病原菌蛋白质的合成，导致病原菌死亡。对人、畜安全，不杀伤天敌，不污染环境。对蔬菜白粉病、瓜类炭疽病和枯萎病、番茄叶霉病等有较好的防效。

【防治对象及使用方法】

（1）防治黄瓜白粉病、炭疽病，在发病初期用 2％嘧啶核苷类抗菌素水剂 200 倍液喷雾，隔 10～15 天再喷 1 次，如发病严重则隔 7～8 天喷 1 次。

（2）防治西瓜、黄瓜、甜椒枯萎病，在发病初期用 2％嘧啶核

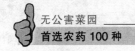

苷类抗菌素水剂 150～300 倍液灌根，先把植株根部扒成一穴，稍晾晒后把药液灌入穴中，每株灌 0.25 千克，隔 5 天再灌 1 次，重病株可连灌 3～4 次，待药液渗完后，再将土覆盖好。

【注意事项】

（1）可与多种农药混用，但勿与碱性农药混用。

（2）施用时注意安全防护。

（3）应贮存在阴凉、干燥处，远离食物和饲料及用品。

48. 春雷霉素

【其他名称】春日霉素、加收米等。

【英文通用名称】kasugamycin

【主要剂型】2％、4％、6％可湿性粉剂，2％水剂，2％液剂、可溶液剂。

【毒性】低毒（对蜜蜂有毒）。

【商品药性状及作用】春雷霉素液剂为深绿色液体，可湿性粉剂为浅棕黄色粉末。春雷霉素是农用抗菌素类杀菌剂，是放线菌所产生的代谢产物，兼预防和治疗作用，有较强的内吸性，治疗效果显著。主要干扰氨基酸的代谢酯酶系统，从而影响蛋白质的合成，抑制菌丝伸长和造成细胞颗粒化，但对孢子萌发无影响。持效期长，耐雨水冲刷。可防治多种蔬菜细菌和真菌病害。瓜类喷施后叶色浓绿并能延长收获期。

【防治对象及使用方法】防治叶霉病、炭疽病、白粉病、细菌性角斑病等，在发病初期用 2％春雷霉素液剂 500～600 倍液喷雾，每隔 7 天喷 1 次，连续喷 3 次。

【注意事项】

（1）应随用随配，以防霉菌污染变质失效；施药 8 小时内遇雨需补喷。

（2）不能与碱性农药混用。

（3）对大豆、葡萄、柑橘、苹果、藕等有轻微药害，在邻近地块使用时应注意。

（4）在番茄、黄瓜上安全间隔期为 7 天。

49. 春雷·王铜

【其他名称】春雷氧氯铜、加瑞农等。

【英文通用名称】kasugamycin·copper oxychloride

【主要剂型】47％、50％可湿性粉剂。

【毒性】低毒。

【商品药性状及作用】春雷·王铜可湿性粉剂为浅绿色粉末。春雷·王铜为春雷霉素与王铜复配剂，能抑制真菌蛋白质和细菌核糖核蛋白质系统中的氨基酸合成，具有保护和治疗作用，广谱、无内吸性。对番茄叶霉病及多种细菌性病害有显著效果。

【防治对象及使用方法】用于防治多种蔬菜真菌和细菌性病害，如霜霉病、角斑病、炭疽病、蔓枯病、白粉病、黑星病、晚疫病、早疫病、叶霉病、疮痂病、细菌性叶斑病、黑斑病、黑腐病、白锈病、生菜或菊苣细菌性腐烂病、芹菜烂心病及茼蒿、香椿、豆瓣菜、芦笋等蔬菜褐斑病，草莓、落葵蛇眼病等。

发病初期用 47％春雷·王铜可湿性粉剂 600～800 倍液均匀喷雾，隔 7～10 天防治 1 次，连防 2～3 次。防治细菌性病害，可在种植前用种子重量 0.3％～0.4％的 47％春雷·王铜可湿性粉剂拌种，生长期发病再及时喷药防治。

【注意事项】

（1）不可与强碱性农药混用。

（2）苗期不可使用。

（3）蔬菜收获前 7 天停止施药。

50. 多抗霉素

【其他名称】多氧霉素、多效霉素、宝丽安、保利霉素等。

【英文通用名称】polyoxin

【主要剂型】1.5％、3％、10％可湿性粉剂，0.3％、1％、3％水剂。

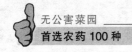
【毒性】低毒。

【商品药性状及作用】10％多抗霉素可湿性粉剂为浅棕黄色粉末，1.5％、3％多抗霉素可湿性粉剂为灰褐色粉末。多抗霉素是广谱、内吸性抗生素类杀菌剂，具有保护和治疗作用。其作用机制是干扰病菌细胞壁几丁质的生物合成。芽管和菌丝体接触药剂后，局部膨大、破裂而不能正常生长发育，导致死亡。还有抑制病菌产孢和病斑扩大的作用。对人、畜安全，对植物无药害。

【防治对象及使用方法】用于防治灰霉病、霜霉病、早疫病、叶霉病、白粉病、枯萎病等多种真菌性病害。

常用10％多抗霉素可湿性粉剂600～800倍液于发病初期喷雾，每7天喷1次，连喷3次；防治枯萎病时，于发病初期用10％多抗霉素可湿性粉剂400～500倍液灌根，每株灌药液0.25千克，每7天灌1次，连灌3次。

【注意事项】

(1) 不能与酸或碱性农药混用；施药后24小时内遇雨应及时补喷。

(2) 贮存在阴凉、干燥、通风处。

(3) 在蔬菜收获前2～3天停止施药。

51. 武夷菌素

【其他名称】绿神九八、农抗武夷菌素、BO-10等。

【主要剂型】1％、2％水剂。

【毒性】低毒。

【商品药性状及作用】武夷菌素水剂为棕色液体。武夷菌素为核苷类农用抗菌素，是广谱性生物杀菌剂。是由不吸水链霉菌武夷变种产生的抗菌素。对多种植物病原真菌具有较强的抑制作用，对黄瓜、花卉白粉病有明显的防治效果。对人、畜无毒或微毒，不污染环境，不杀伤天敌。

【防治对象及使用方法】防治黄瓜白粉病、黑星病、番茄叶霉病、灰霉病等，在发病初期用1％武夷菌素水剂100～150倍液喷雾。

【注意事项】

（1）可与中性杀菌剂混配使用。

（2）不要在大雨前后或露水未干以及阳光强烈的中午施药。

52. 中生菌素

【英文通用名称】 zhongshengmycin

【主要剂型】 3％可湿性粉剂。

【毒性】 低毒。

【商品药性状及作用】 中生菌素水剂为褐色液体。中生菌素为 N-糖苷类抗生素，抗菌谱广，能够抗革兰氏阳性和阴性细菌、分枝杆菌、酵母菌及丝状真菌。特别对农作物致病菌如菜软腐病菌、黄瓜角斑病菌等有明显的抗菌活性。

【防治对象及使用方法】

（1）防治青椒疮痂病，于发病初期用3％中生菌素可湿性粉剂 600～1 000倍液喷雾。

（2）防治西瓜枯萎病，用3％中生菌素可湿性粉剂 600～800 倍液灌根，每株灌药液250毫升。

（3）防治黄瓜细菌性角斑病，用3％中生菌素可湿性粉剂 600～800 倍液喷雾。

【注意事项】

（1）不可与碱性农药混用。

（2）药剂要现配现用，不要久存。

53. 链霉素

【其他名称】 农用硫酸链霉素等。

【英文通用名称】 streptomycin

【主要剂型】 72％可溶粉剂。

【毒性】 低毒。

【商品药性状及作用】 链霉素原药为白色粉末。链霉素是灰色

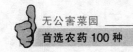

链霉菌产生的抗菌素，属抗生素类杀菌剂。对白菜软腐病、黄瓜细菌性角斑病、番茄青枯病有治疗作用。

【防治对象及使用方法】防治黄瓜细菌性角斑病、番茄溃疡病和青枯病、十字花科蔬菜软腐病等，用72％农用链霉素可溶粉剂5 000倍液喷雾。

【注意事项】

（1）链霉素使用浓度过高易产生药害。

（2）可与其他抗菌素混用，但不能与青虫菌、Bt 乳剂等生物制剂混用；不能与碱性农药或污水混合使用。

（3）在蔬菜收获前2～3天停止使用。

54. 吗胍·乙酸铜

【其他名称】病毒 A、毒克星、病毒净等。

【英文通用名称】moroxydine hydrochloride • copper acetate

【主要剂型】20％可湿性粉剂、可溶粉剂。

【毒性】低毒。

【商品药性状及作用】20％吗胍·乙酸铜可湿性粉剂为灰褐色粉末。吗胍·乙酸铜由盐酸吗啉胍和乙酸铜混配而成，具触杀作用，内吸性弱，但盐酸吗啉胍可通过气孔、水孔进入植物体内，抑制和破坏核酸和蛋白质合成，阻止病毒复制，起到防治病毒病的作用，而乙酸铜主要通过铜离子来预防或防治菌类引起的其他病害，起辅助作用。

【防治对象及使用方法】用于防治蔬菜花叶型、蕨叶型病毒病。发病初期用20％吗胍·乙酸铜可湿性粉剂400～500 倍液喷雾，每7～10 天喷 1 次，连续喷 3 次。

【注意事项】

（1）要在发病初期使用。

（2）不可与碱性农药混用。

（3）使用浓度不得低于 300 倍，否则易出现药害。

（4）对铜制剂敏感的作物慎用。

（5）贮存在避光、干燥、阴凉处。

55. 烷醇·硫酸铜

【其他名称】植病灵等。

【英文通用名称】triacontanol · copper sulfate · dodecyl sodium sulphate

【主要剂型】0.5％水乳剂，0.5％乳油，1.5％、6％可湿性粉剂。

【毒性】低毒。

【商品药性状及作用】烷醇·硫酸铜水乳剂为绿色至天蓝色液体。烷醇·硫酸铜为三十烷醇、硫酸铜、十二烷基硫酸钠混合而成。三十烷醇是生理活性较高的生长调节物质，能促进植物生长发育，抗御病毒侵染和复制。十二烷基硫酸钠与三十烷醇结合起表面活性、乳化发泡作用，浸透组织，从受侵染的寄主细胞中脱落病毒；可从蛋白质中分离核酸，对病毒起钝化作用。硫酸铜通过铜离子起杀菌作用，消灭一些毒源。该药集杀菌、脱病毒、调节生长增产为一体。

【防治对象及使用方法】主要用于防治蔬菜病毒病，对霜霉病、角斑病、疫病、软腐病也有一定防治效果。

喷雾、灌根均可。用1.5％烷醇·硫酸铜可湿性粉剂800～1 000倍液喷雾。喷洒叶面时需两面均洒，直至药液欲滴为止，对重病作物可适当增加喷洒次数或灌根。

（1）防治番茄病毒病，初花期、盛花期、结果期各施药1次，兼防疫病。

（2）防治青椒病毒病，初花期到盛果期共施药5次，间隔7～10天。

（3）防治黄瓜花叶病毒病，苗期、花期共施药3次，间隔7～10天，兼防霜霉病、角斑病。

（4）防治茄子病毒病，初花、盛花、结果期各施药1次，兼防绵疫病。

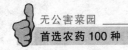
（5）防治大白菜软腐病，发病初期始，10天左右施药1次，视病情施用2～3次。

（6）防治其他蔬菜病毒病，发病初期开始喷洒，7～10天喷1次，视病情喷2～3次。

【注意事项】

（1）严格按使用说明操作，不可随意改变稀释浓度。

（2）本药稍有分层，用时应充分摇匀，不可与碱性农药及生物农药混用。

（3）在作物表面无水时喷施，喷后6小时内遇雨及时补喷1次。

（4）存放于阴凉、干燥、避光处。

56. 菇类蛋白多糖

【其他名称】抗毒剂1号、真菌多糖等。

【主要剂型】0.5％水剂。

【毒性】低毒。

【商品药性状及作用】菇类蛋白多糖水剂为深棕色液体，稍有沉淀。菇类蛋白多糖为预防性抗病毒生物制剂，对病毒起抑制作用的主要组分是食用菌菌体代谢所产生的蛋白多糖，由于制剂内含丰富的氨基酸，故除抗病毒外还有明显的增产作用。该药集防治、促生、营养为一体。对人、畜无毒，不污染环境，对植物安全。

【防治对象及使用方法】用于防治蔬菜病毒病，对烟草花叶病毒、黄瓜花叶病毒等的侵染均有良好的抑制效果，尤以对烟草花叶病毒抑制效果更佳。

可采用喷雾、浸根、灌根、浸种等多种途径施用。常用0.5％菇类蛋白多糖水剂200～300倍液，于苗期或发病初期开始每隔7～10天喷1次，连喷3～5次；发病初期可用200～250倍液灌根，每株灌药液100～200毫升，每10～15天灌1次，共灌2～3次；播前可将种子用0.5％菇类蛋白多糖水剂300倍液浸泡3～4小时；番茄分苗时可用0.5％菇类蛋白多糖水剂300倍液浸根30～40分钟后种植。

【注意事项】

（1）避免与酸、碱性农药混用。

（2）配制时需用清水，现配现用，配好的药剂不可贮存。

57. 混合脂肪酸

【其他名称】83 增抗剂、耐病毒诱导剂等。

【主要剂型】10％水乳剂。

【毒性】低毒。

【商品药性状及作用】混合脂肪酸水乳剂为乳黄色黏稠状液体。混合脂肪酸为抗病毒诱导剂，具有诱导植物抗病和刺激作物生长的双重作用。能诱导植物抗病基因的表达，对植物本身有激素活性，对病毒有钝化作用，也能有效抑制植物体内病毒的增殖和扩展速度，并对传毒媒介蚜虫有抑制作用。可有效防治烟草花叶病毒。

【防治对象及使用方法】防治蔬菜病毒病，用 10％混合脂肪酸水乳剂 100 倍液分别在小苗 2～3 叶期、移植前 1 周、定植缓苗后 1 周各喷 1 次；或于发病初期喷施，每 10 天喷 1 次，连喷2～3 次。

【注意事项】

（1）使用时先将制剂充分摇匀，再加水稀释，如喷后 24 小时内遇雨需补喷 1 次。

（2）需保存在常温条件下，置阴凉、干燥处。

（3）本药在低温下会凝固，使用时先放入温水中预热，待制剂融化后再加水稀释。

（4）宜在生长前期施用，生长后期施用效果不理想。

58. 蜡质芽孢杆菌

【其他名称】叶扶力、叶扶力 2 号、BC752 菌株等。

【英文通用名称】bacillus cereus

【主要剂型】10 亿 CFU/毫升悬浮剂，8 亿个/克可湿性粉剂。

【毒性】低毒。

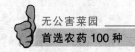
【商品药性状及作用】蜡质芽孢杆菌与假单芽孢菌混合制剂外观为淡黄色或浅棕色乳液状，略有黏性，有特殊腥味。蜡质芽孢杆菌为微生物源杀菌剂，主要应用于防治土壤传播的细菌性病害，如姜瘟病，也可防治根结线虫。蜡质芽孢杆菌能通过体内的过氧化物歧化酶，提高作物对病菌和逆境危害引发体内产生氧的清除能力，调节作物细胞微生境，维护细胞正常的生理代谢和生化反应，提高抗逆性，加速生长，提高产量和品质。

【防治对象及使用方法】

（1）防治姜瘟病，每100千克种姜用8亿个/克蜡质芽孢杆菌可湿性粉剂240～320克，对水浸泡种姜30分钟，或每667米² 用8亿个/克蜡质芽孢杆菌可湿性粉剂400～800克，对水顺垄灌根。

（2）防治番茄根结线虫，每667米² 用10亿CFU/毫升蜡质芽孢杆菌悬浮剂4.5～6升，对水灌根。

【注意事项】

（1）施药后24小时内如遇大雨必须重施。

（2）发病较重时，可增大使用深度和增加使用次数。

（3）宜存放于阴凉通风处，打开即用，勿再存放。

59. 枯草芽孢杆菌

【英文通用名称】bacillus subtilis

【主要剂型】10亿孢子/克、100亿孢子/克、200亿孢子/克、1 000亿活芽孢/克可湿性粉剂。

【毒性】低毒。

【商品药性状及作用】枯草芽孢杆菌制剂外观呈现紫红、普蓝、金黄等颜色。枯草芽孢杆菌生长过程中产生的枯草菌素、多黏菌素、制霉菌素、短杆菌肽等活性物质，对病菌有明显的抑制作用。

【防治对象及使用方法】

（1）防治草莓白粉病，在病害初期或发病前用10亿孢子/克枯草芽孢杆菌可湿性粉剂500～1 000倍液喷雾；防治黄瓜白粉病，在病害初期或发病前用10亿孢子/克枯草芽孢杆菌可湿性粉剂400～

800 倍液喷雾。

（2）防治草莓灰霉病，在病害初期或发病前每 667 米² 用 1 000 亿活芽孢/克枯草芽孢杆菌可湿性粉剂 40～60 克，对水 45～60 千克喷雾。

病害初期或发病前施药效果最佳，施药时注意使药液均匀喷施至作物各部位。

【注意事项】

（1）切勿在强阳光下喷雾，晴天傍晚或阴天全天用药效果最佳。

（2）应密封避光，在低温（15℃左右）条件贮藏。

（3）使用前，将药剂充分摇匀。

（4）不能与含铜物质或链霉素等杀菌剂混用。

60. 宁南霉素

【其他名称】 菌克毒克等。

【英文通用名称】 ningnanmycin

【主要剂型】 2％、8％水剂，10％可溶粉剂。

【毒性】 低毒。

【商品药性状及作用】 宁南霉素水剂为褐色液体，带酯香。宁南霉素是一种胞嘧啶核苷肽型广谱抗生素杀菌剂，具有预防、治疗作用。对蔬菜的烟草花叶病毒病有良好的防治效果，具有抗雨水冲刷，毒性低等特点。

【防治对象及使用方法】

（1）防治病毒病，在幼苗期用 8％宁南霉素水剂 600～800 倍液，或 2％宁南霉素水剂 150～200 倍液喷雾。

（2）防治黄瓜、豇豆白粉病，在发病初期用 2％宁南霉素水剂 150～200 倍液喷雾。

每隔 7～10 天喷 1 次，连续防治 3 次。

【注意事项】 不能与碱性物质混用。

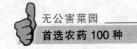
61. 氨基寡糖素

【其他名称】好普、施特灵等。

【英文通用名称】oligosaccharins

【主要剂型】0.5％、2％、3％水剂，0.5％可湿性粉剂。

【毒性】微毒至低毒。

【商品药性状及作用】氨基寡糖素水剂外观为均相透明液体，有微量悬浮物。氨基寡糖素来源于天然高分子化合物甲壳质，是一种新型植物抗病诱导剂，具有独特的作用机理。在蔬菜发病前或发病初期施用，可诱导激活植物自身产生抗性和免疫力，抵御各种真菌、细菌、病毒等病原生物的侵入，起到自我保护、防病、治病作用。氨基寡糖素还能提高植物对肥、水的吸收及光合作用的能力，加速体内有机物质的转化和吸收，提高作物产量和品质。因此氨基寡糖素还是一种植物生长调节剂。

【防治对象及使用方法】用于防治胡萝卜软腐欧文氏菌为病原的白菜等十字花科蔬菜软腐病，及番茄、马铃薯、甜椒、辣椒、葱、蒜、山葵、辣根、芋、仙人掌、芦荟等多种植物软腐病；也可防治由烟草花叶病毒、黄瓜花叶病毒侵染的多种蔬菜病毒病；还可防治马铃薯晚疫病，黄瓜霜霉病，西瓜枯萎病，蔓枯病，茄子黄萎病及多种蔬菜疫病，绵疫病。

(1) 防治大白菜等软腐病，可用2％氨基寡糖素水剂 300～400 倍液喷雾。第一次喷雾在发病前或发病初期，以后每隔 5 天 1 次，共喷 5 次。

(2) 防治番茄病毒病，用 2％氨基寡糖素水剂 300～500 倍液，苗期喷 1 次，发病初期开始，每隔 5～7 天喷 1 次，连续3～4 次。

(3) 防治番茄、马铃薯晚疫病，用 2％氨基寡糖素水剂300～500 倍液喷雾，苗期喷 1 次，发病初期开始，每隔 7～10 天喷 1 次，连续喷3～4 次。

(4) 防治西瓜枯萎病，可用 0.5％氨基寡糖素水剂 400 倍液在 4～5 片真叶期、始瓜期或发病初期灌根，每株灌药液 100～150 毫升，隔 10 天再灌 1 次，连续防治 3 次。

（5）防治黄瓜霜霉病，用 2％氨基寡糖素水剂 500～800 倍液，在初见病斑时喷 1 次，间隔 7 天，连续施药 3 次。

（6）防治西瓜蔓枯病，用 2％氨基寡糖素水剂 500～800 倍液，在发病初期开始喷药，每隔 7 天喷 1 次，共喷 3 次。

（7）防治茄子黄萎病，用 0.5％氨基寡糖素水剂 200～300 倍液，在苗期喷 1 次，重点为根部，定植后发病前或发病初期灌根，每株灌 100～150 毫升，隔 7～10 天灌 1 次，连续灌根 3 次。

【注意事项】

（1）不能与碱性农药和肥料混用。

（2）不可任意提高使用浓度以防止对幼苗造成药害。

（3）储存于干燥阴凉通风处，避免与碱性物质接触。

（4）开封后谨防杂菌污染；保质期 2 年。

62. 木霉菌

【其他名称】灭菌灵、康洁、特立克、木霉素、生菌散等。

【英文通用名称】trichoderma SP

【主要剂型】1.5 亿活孢子/克、2 亿活孢子/克可湿性粉剂，1 亿活孢子/克水分散粒剂。

【毒性】低毒。

【商品药性状及作用】木霉菌属半知菌亚门木霉属的一种真菌。对霜霉菌、疫霉菌、灰葡萄孢菌、丝核菌、小核菌、轮枝孢菌等真菌有颉颃作用，能抑制病菌孢子囊萌发、芽管伸长、菌丝生长和菌核形成。对白粉菌、炭疽菌也表现活性。木霉菌对人、畜低毒，对蔬菜安全，不污染环境。

【防治对象及使用方法】可用于防治黄瓜霜霉病等瓜类霜霉病、大白菜等十字花科霜霉病、黄瓜灰霉病等蔬菜灰霉病，还用于防治瓜类、番茄、马铃薯、菜豆、豇豆等多种蔬菜白绢病，茄科、豆科蔬菜立枯病，茄子黄萎病，瓜苗猝倒病，瓜类炭疽病等。

（1）防治黄瓜、大白菜等十字花科蔬菜等及其他蔬菜霜霉病，

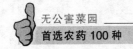

可在发病初期，每 667 米^{2}用 1.5 亿活孢子/克木霉菌可湿性粉剂 200～300 克，对水 50～60 千克，均匀喷雾，每隔 5～7 天喷 1 次，连续防治 2～3 次。

（2）防治各种蔬菜白绢病，可在发病初期，每 667 米^{2}用 1.5 亿活孢子/克木霉菌可湿性粉剂 300～400 克，和细土 50 千克拌匀，撒在病株茎基部，隔 5～7 天撒 1 次，连续 2～3 次。

（3）防治瓜类白粉病、炭疽病，可用制剂 300 倍液在发病初期喷雾，每隔 5～7 天 1 次，连续防治 3～4 次。

（4）防治黄瓜等蔬菜灰霉病，可在发病初期每 667 米^{2}用 2 亿活孢子/克木霉菌可湿性粉剂 125～250 克，对水 50～60 千克，均匀喷雾，每隔 5～7 天喷 1 次，连续防治 3～4 次。

【注意事项】

（1）本剂为真菌制剂，不可与其他杀菌剂混用。

（2）喷雾时需均匀、周到，不可漏喷。如喷后 8 小时内遇雨，需及时补喷。

（3）不可与酸性或碱性农药混用，须保存于阴凉干燥处，切忌阳光直射或受潮。

（4）木霉菌制剂有效期 2 年，常温保存。

63. 波尔多液

【其他名称】 必备等。

【英文通用名称】 bordeaux mixture

【主要剂型】 80％可湿性粉剂，28％悬浮剂。

【毒性】 低毒。

【商品药性状及作用】 波尔多液可湿性粉剂为蓝色粉末。配制的波尔多液是一种含有极小蓝色粒状悬浮物的液体，放置后会发生沉淀，并析出结晶，性质发生变化。对金属有腐蚀作用。对温血动物低毒。大量口服能引起致命的胃肠炎。抑菌谱广，具保护作用，与硫酸铜、碱式硫酸铜和王铜等无机铜制剂比较，具有良好的展着性和黏和力，在植物表面可形成薄膜，不易被雨水冲刷，残效期比较长，对作物比较安全，微量铜病原菌细胞膜上的蛋白质凝固及进入细胞内的少量铜离子与某些酶结合而影响酶的活性。

【防治对象及使用方法】 防治辣椒炭疽病，在发病初期用80％波尔多液（必备）可湿性粉剂300～500倍液，均匀喷雾。防治黄瓜霜霉病，在发病初期用80％波尔多液（必备）可湿性粉剂600～800倍液喷雾。

【注意事项】

（1）对铜敏感的作物如白菜、大豆等在潮湿多雨条件下，因铜的离解度增大和对叶表面渗透力增强，易产生药害。

（2）对石灰敏感的作物如茄科、葫芦科植物如黄瓜、西瓜等，在高温干燥条件下易产生药害。小苗一般不使用。

（3）不能用金属容器配药，以免腐蚀；药液要现配现用，不要久置。

（4）不可与石硫合剂、肥皂以及遇碱易分解的药剂混用。

（5）在蔬菜收获前15～20天停止使用。

64. 波尔·锰锌

【其他名称】 科博等。

【英文通用名称】 bordeaux mixture · mancozeb

【主要剂型】 78％可湿性粉剂。

【毒性】 低毒。

【商品药性状及作用】 波尔·锰锌可湿性粉剂为蓝色粉末。波尔·锰锌为波尔多液和代森锰锌的复配剂。

【防治对象及使用方法】

（1）防治黄瓜霜霉病，在发病初期用78％波·锰锌（科博）可湿性粉剂400～500倍液喷雾。

（2）防治番茄早疫病，在发病初期用78％波·锰锌（科博）可湿性粉剂400～500倍液喷雾。

（3）防治黄瓜白粉病、黑星病，瓜类蔓枯病、细菌性角斑病，番茄斑枯病，在发病初期用78％波·锰锌（科博）可湿性粉剂

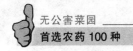

500～600 倍液喷雾。

【注意事项】 参见代森锰锌和波尔多液。

65. 五氯硝基苯

【其他名称】 土粒散、掘地生、把可塞的、病菌净、菌根消等。

【英文通用名称】 quintozene

【主要剂型】 20％、40％粉剂，15％悬浮种衣剂，40％种子处理干粉剂。

【毒性】 低毒。

【商品药性状及作用】 五氯硝基苯粉剂为土黄色粉末。五氯硝基苯为保护性杀菌剂，无内吸性，用作土壤处理和种子消毒。可影响真菌菌丝细胞有丝分裂，使菌丝扭曲、变形。对丝核菌引起的病害有较好的防效，对甘蓝根肿病、多种作物白绢病、马铃薯疮痂链霉菌引起的苗期病害等也有效。

【防治对象及使用方法】 可用于防治瓜类、茄科、豆科多种蔬菜丝核菌立枯病（苗期猝倒病）、白绢病及十字花科蔬菜根肿病、马铃薯疮痂病。

（1）防治蔬菜苗期立枯病，每平方米苗床可用 40％五氯硝基苯粉剂 8～9 克加细土 20 千克和匀，撒于苗床内作床土消毒，或将 8～9 克 40％五氯硝基苯粉剂与 4～5 千克细土和匀，用 1/3 药土撒在畦面上，播种后再将另外的 2/3 药土撒在种子表面。

（2）防治十字花科蔬菜根肿病，育苗移栽的白菜、甘蓝等苗床消毒方法同菜苗猝倒病、立枯病，移栽前每 667 米² 可用 40％五氯硝基苯粉剂 2～3 千克拌细土 40～50 千克，开沟施于定植穴内。

（3）防治马铃薯疮痂病，可在栽种薯块前每 667 米² 用 40％五氯硝基苯粉剂 2～3 千克均匀和细土 2～3 千克沟施后播种。

【注意事项】

（1）大量药剂与作物幼芽接触时易产生药害。

（2）拌过药的种子不能用作饲料或食用。

（三）除 草 剂

1. 二甲戊灵

【其他名称】除草通、施田补、胺硝草、二甲戊乐灵等。

【英文通用名称】pendimethalin

【主要剂型】33％乳油，450 克/升微囊悬浮剂，20％、30％悬浮剂。

【毒性】低毒（对鱼毒性较高）。

【商品药性状及作用】二甲戊灵乳油为橙黄色透明液体。二甲戊灵为选择性芽前土壤处理剂。主要抑制杂草分生组织细胞分裂，不影响杂草种子的萌发，而是在杂草种子萌发过程中幼芽、茎和根吸收药剂后而起作用。双子叶植物吸收部位为下胚轴，单子叶植物为幼芽，其受害症状是幼芽和次生根被抑制。

【防除对象及使用方法】用于防治百合科、伞形花科、十字花科、茄科、豆科、葫芦科、菊科、旋花科等多种蔬菜田稗草、马唐、牛筋草、狗尾草、看麦娘、早熟禾等一年生禾本科杂草，和藜、苋、繁缕、辣子草、荠菜等一些阔叶杂草。

（1）直播蔬菜田 豆类、胡萝卜、育苗芹菜于播前或播后苗前进行土壤处理；育苗韭菜、伏葱或秋播小葱、大蒜、育苗洋葱、茴香、茼蒿、蕹菜、苋菜、萝卜、马铃薯、黄瓜于播后苗前进行土壤处理；西瓜于 5～6 叶期后杂草出苗前作定向土壤喷雾；根茬小葱于翌年 3 月返青后杂草萌发前或刚萌发时作定向土壤喷雾。上述土壤处理每 667 米^2 用 33％二甲戊灵乳油 100～150 毫升对水 50 千克。育苗韭菜生长期长，喷药 25 天以后药效逐渐消失，在第一次用药 25 天后杂草刚萌发时先清除田间大草，然后再进行第二次施药，仍可用二甲戊灵，方法同第一次。秋栽大蒜翌年春天返青后杂草萌发前应再进行土壤处理，仍可用二甲戊灵，方法同第一次。

（2）移栽蔬菜田　甘蓝、菜花、茄果类移栽前或移栽后或移栽缓苗后进行土壤处理；瓜类移栽缓苗后 4～6 叶期，苗高 15 厘米以上（冬瓜、南瓜、西葫芦也可移栽前）进行土壤处理；洋葱移栽前或移栽缓苗后进行土壤处理；豆类移栽前进行土壤处理；沟葱、莴苣移栽缓苗后进行土壤处理；芹菜移栽前或移栽后杂草出土前进行土壤处理。每 667 米^{2}用 33％二甲戊灵乳油 100～150 毫升对水 50 千克进行土壤处理。地膜覆盖田应盖膜前用药。

（3）老根韭菜、采籽洋葱田　老根韭菜每次收割后要清除田间大草并松土，待伤口愈合后每 667 米^{2}可用 33％二甲戊灵乳油 100～150 毫升对水 50 千克进行土壤处理；采籽洋葱返青后现蕾开花前苗高 10～15 厘米，每 667 米^{2}可用 33％二甲戊灵100～150 毫升对水 50 千克定向喷雾。

【注意事项】

（1）二甲戊灵只对部分双子叶杂草有效，在双子叶杂草较多地块应考虑与其他除草剂混用。

（2）为减轻药害，应先施药后浇水。

（3）酌情调整用药量。春季地温低时可使用高量，夏季地温高时应使用低量；沙质土及有机质含量低的田块用低量，反之用高量；二甲戊灵（除草通）对小葱有轻微药害，在伏葱和秋播小葱田使用时药量不要超过 100 毫升，伏葱播种时应加大播种量，防止因部分药害造成缺苗。

（4）若在苗前用药，越早越好，忌在萌芽期用药，该药用后可不混土。

（5）有机质含量低的沙质土壤，不宜苗前处理。

（6）二甲戊灵（除草通）对鱼有毒，防止污染水源。

（7）注意防护，如接触皮肤或眼睛，可用大量清水冲洗；若误服中毒，不要引吐，应立即就医。

（8）本品易燃，应封闭贮存，避开火源。

2. 氟乐灵

【其他名称】 茄科宁、特富力、特福力、氟特力、氟利克等。

【英文通用名称】 trifluralin

【主要剂型】 48％乳油。

【毒性】 低毒（对鱼类毒性大）。

【商品药性状及作用】 氟乐灵乳油为橙红色液体。氟乐灵为选择性土壤处理剂。杂草种子发芽穿过药土层时吸收药剂。单子叶植物的幼芽，阔叶植物的下胚轴、子叶和幼根都可吸收药剂。但出苗后的茎叶不能吸收药剂。受害后的杂草细胞停止分裂，导致死亡。

【防除对象及使用方法】 可用于伞形花科、豆科、十字花科、百合科、葫芦科、菊科、旋花科、芦笋等多种蔬菜田，主要防除一年生禾本科杂草，如狗尾草、稗草、马唐、牛筋草、早熟禾、画眉草等；对部分小粒种子的阔叶杂草如藜、苋、繁缕、马齿苋等也有一定防除效果。对多数阔叶杂草及多年生杂草基本无效。

在蔬菜抗药性较强，杂草又未出土时，每 667 米^2 用 48％氟乐灵乳油 100～150 毫升对水 50 千克进行土壤处理，药后立即混土，不要超过 8 小时，混土深度 3～5 厘米。

（1）直播蔬菜田 伞形花科（胡萝卜、芹菜、茴香、香菜）、豆科蔬菜于播前或播后苗前土壤处理；马铃薯、大蒜栽后苗前（马铃薯地膜覆盖时应及时在膜内扎一些小洞，防止马铃薯出苗后造成药害；秋栽大蒜翌年春天返青后杂草萌发前应再次进行土壤处理，仍可用氟乐灵，方法同栽后苗前）土壤处理；旋花科（蕹菜）蔬菜播后苗前土壤处理；十字花科蔬菜于播前 1～14 天土壤处理（萝卜、四季萝卜播前 1～2 天土壤处理；大白菜、甘蓝播前 3～7 天土壤处理；小白菜播前 7～10 天土壤处理；菜花、雪里蕻播前 10～14 天土壤处理。由于生产上倒茬多，茬口时间短，播前间隔期超过 7～10 天就不宜使用）；直播西瓜 5～6 叶期后杂草出苗前可进行土壤定向喷雾处理。

（2）移栽蔬菜田 番茄、茄子、青椒、甘蓝、菜花可在移栽前

145

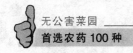
或移栽后任何时候或移栽缓苗后使用；芹菜移栽前或移栽后使用；洋葱、莴苣移栽缓苗后（洋葱也可移栽前）使用；葫芦科蔬菜在移栽缓苗后4～6叶期后方可使用（西瓜移栽后施药在5～6叶期，也可在移栽前3～7天）。地膜覆盖蔬菜田应盖膜前用药。

(3) 老根韭菜、采籽洋葱 施药方法见二甲戊灵（除草通）。

(4) 芦笋田 芦笋收割后可用氟乐灵进行土壤处理。

【注意事项】

（1）氟乐灵易挥发和光解，用药后要及时混土。

（2）不可在育苗韭菜、洋葱、小葱、菠菜、黄瓜等直播蔬菜上应用，以防药害。

（3）低温干旱地区，持效期较长，下茬不宜种高粱、谷子等敏感作物。

（4）氟乐灵对大的杂草无效，不能在杂草生育期使用。

（5）氟乐灵对鱼的毒性大，在鱼塘、河边的蔬菜地不要使用。

（6）施药时注意防护，避免吸入药雾，如皮肤和眼睛接触药液，应立即用大量清水冲洗，刺激仍不消者应就医。

（7）在避光、阴凉、远离火源处保存。

3. 仲丁灵

【其他名称】地乐胺、丁乐灵、双丁乐灵、止芽素等。

【英文通用名称】butralin

【主要剂型】36％、48％乳油。

【毒性】低毒。

【商品药性状及作用】仲丁灵乳油为橙色或红棕色油状液体。仲丁灵为选择性芽前土壤处理剂。作用与氟乐灵相似，药剂进入植物体后，主要抑制分生组织的细胞分裂，从而抑制杂草幼芽及幼根的生长，导致杂草死亡。

【防除对象及使用方法】可用于防除伞形花科、百合科、豆科、茄科、十字花科、葫芦科、菊科、旋花科蔬菜田马唐、牛筋草、狗尾草等一年生单子叶杂草及藜、苋等部分小粒种子双子叶杂草，对菟丝子也有良好效果。

(1) 直播蔬菜田 伞形花科、豆科、十字花科蔬菜于播前［十字花科播前施用仲丁灵（地乐胺）与播种期间隔时间可参考氟乐灵］或播后苗前土壤处理；黄瓜、冬瓜、育苗韭菜、伏葱、秋播小葱、育苗洋葱、薤菜于播后苗前土壤处理；西瓜于播后5～6叶期后杂草出苗前土壤处理；大蒜、马铃薯栽后苗前土壤处理；根茬小葱翌年3月返青后杂草萌发前或刚萌发时土壤处理；每667米² 用48%仲丁灵（地乐胺）乳油150～200毫升。此外，育苗韭菜在第一次用药持效期结束前，约第一次药25天以后，新杂草还没有萌发前或刚萌发时先清除田间大草，然后再进行第二次施药，仍可用仲丁灵（地乐胺）；秋栽大蒜翌年春天返青后杂草萌发前应再次用药土壤处理，仍可用仲丁灵（地乐胺）。

(2) 移栽蔬菜田 甘蓝、菜花、茄果类蔬菜移栽前或移栽后或移栽缓苗后土壤处理；葫芦科蔬菜于移栽缓苗后4～6叶期后，苗高15厘米以上（冬瓜、南瓜、西葫芦也可在移栽前）土壤处理；洋葱、沟葱、莴苣移栽缓苗后（洋葱也可在移栽前）土壤处理；芹菜移栽前或移栽后（移栽后施药要结合中耕混土）土壤处理；每667米² 用48%仲丁灵（地乐胺）乳油200～250毫升对水50千克。

(3) 老根韭菜、采籽洋葱田 每667米² 用48%仲丁灵（地乐胺）乳油200毫升进行土壤处理，时间、方法见二甲戊灵（除草通）。

此外，有些茴香、豆科蔬菜地发生菟丝子为害，可在菟丝子转株为害期，用48%仲丁灵（地乐胺）乳油100～200倍液均匀喷于菟丝子上。

【注意事项】

(1) 为防止挥发和光解，可在施药后混土3～5厘米，若在冷凉季节或作物遮阴好或药后浇水的情况下，不混土效果也较好。

(2) 育苗韭菜、直播小葱、直播黄瓜上使用有轻微药害，应适当控制药量，加大播种量。

(3) 茎叶处理防除菟丝子时，喷雾应力求细微均匀，使菟丝子

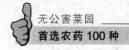

缠绕的茎尖均能接受到药剂。

（4）施药时注意安全防护。

（5）本品易燃，应贮存在远离火源、阴凉干燥处。

4. 扑草净

【其他名称】扑蔓尽、割草佳、扑灭通等。

【英文通用名称】prometryn

【主要剂型】25％、40％、50％可湿性粉剂，50％悬浮剂，25％泡腾颗粒剂。

【毒性】低毒。

【商品药性状及作用】扑草净可湿性粉剂为浅黄色或浅棕红色疏松粉末。扑草净是具有选择性的内吸传导型除草剂，可被植物根吸收，也可从茎、叶渗入植物体内，抑制光合作用，中毒杂草无法制造养料，失绿并逐渐干枯死亡。对刚萌发的杂草防效最好。

【防除对象及使用方法】主要应用于胡萝卜、茴香、育苗芹菜、育苗或移栽或采籽洋葱、育苗或老根韭菜、大蒜、沟葱、马铃薯等菜田防除一年生单、双子叶杂草，莎草科杂草及某些多年生杂草，如眼子菜、牛毛草、萤蔺等。

胡萝卜、茴香、育苗芹菜、育苗洋葱、育苗韭菜、大蒜、马铃薯播（栽）后苗前，每667米^{2}用50％扑草净可湿性粉剂100克对水50千克喷雾处理土表，秋茴香用药量应低于春茴香；育苗韭菜第一次药25天以后，新杂草还未萌发前，清除大草后可用扑草净进行第二次土壤处理，应定向喷雾；秋栽大蒜春天返青后杂草萌发前可用扑草净进行苗后土壤处理，应定向喷雾；移栽洋葱、沟葱于移栽缓苗后，杂草出土前，每667米^{2}用50％扑草净可湿性粉剂100克对水50千克定向喷雾处理土壤；老根韭菜割后先清除田间大草并松土，待伤口愈合后、采籽洋葱返青后，现蕾开花前苗高10～15厘米每667米^{2}用50％扑草净可湿性粉剂100克对水50千克进行土壤定向喷雾。

【注意事项】

（1）严禁在沙性土的蔬菜田使用。

（2）严格掌握用药量，防止药害。

（3）在育苗韭菜上使用有轻微药害，为保证出苗率，应增加10％左右的播种量，播后立即施药。

（4）喷雾时防止药液溅到邻近的作物上。

（5）药后保持适当的土壤水分。

5. 敌草胺

【其他名称】大惠利、草萘胺、萘丙酰草胺、萘丙胺、萘氧丙草胺等。

【英文通用名称】napropamide

【主要剂型】50％可湿性粉剂，20％乳油，50％水分散粒剂。

【毒性】低毒。

【商品药性状及作用】敌草胺可湿性粉剂为棕褐色粉末。敌草胺为选择性芽前土壤处理剂，药剂随雨水或灌水淋入土层内，杂草根和芽鞘吸收药液进入种子，抑制某些酶类形成，使根芽不能生长并死亡。

【防除对象及使用方法】用于防治十字花科、茄科、豆科、百合科、西瓜、朝鲜蓟等菜田杂草，能杀死多种由种子发芽的单子叶杂草，如稗草、马唐、狗尾草、看麦娘、早熟禾等，也可防除多种双子叶杂草，如藜、猪殃殃、萹蓄、繁缕、马齿苋、野苋、苣荬菜等。

（1）十字花科菜田　甘蓝、菜花、大白菜播后苗前或移栽前，每 667 米^2 用 50％敌草胺可湿性粉剂 100～120 克或 20％敌草胺乳油 150 毫升对水 50 千克喷雾处理土壤。

（2）茄科菜田　夏播番茄播后苗前，每 667 米^2 用 50％敌草胺可湿性粉剂 80 克或 20％敌草胺乳油 100～150 毫升对水 50 千克土壤处理；番茄、茄子、辣椒移栽前，每 667 米^2 用 50％敌草胺可湿性粉剂 100～125 克或 20％敌草胺乳油 150～200 毫升对水 50 千克土壤处

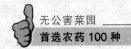

理，如用地膜覆盖，可在用药后盖膜，然后移栽并用土压好地膜；马铃薯栽后苗前每667米^{2}用50％敌草胺可湿性粉剂150克或20％敌草胺乳油250毫升对水50千克土壤处理。

（3）豆科菜田 播后苗前，每667米^{2}用50％敌草胺可湿性粉剂100～200克对水50千克土壤处理。

（4）百合科菜田 大蒜栽后苗前，每667米^{2}用50％敌草胺可湿性粉剂100克对水50千克土壤处理，秋栽大蒜春天返青后杂草萌发前也可用敌草胺可湿性粉剂进行苗后土壤定向喷雾处理；洋葱移栽前或移栽缓苗后，可用50％敌草胺可湿性粉剂100～150克对水50千克土壤处理，采籽洋葱返青后，现蕾开花前苗高10～15厘米也可用敌草胺可湿性粉剂进行土壤定向喷雾处理；有的将敌草胺用于老根韭菜田效果也较好，可以试用。

（5）西瓜、朝鲜蓟菜田 西瓜播后苗前，每667米^{2}用50％敌草胺可湿性粉剂150～200克对水50千克土壤处理；朝鲜蓟菜移栽缓苗后，杂草出土前，每667米^{2}用50％敌草胺可湿性粉剂100克对水50千克定向喷雾处理土壤。

【注意事项】

（1）对芹菜、莴苣、茴香、胡萝卜有药害，不可使用。

（2）对已出土的杂草效果差，施药前应先清除长出的杂草；施药在灌水或雨后进行利于提高防效；盖膜田用量可低些；干旱地区施药后应进行混土。

（3）使用时避免吸入药粉或药雾，切勿让药剂接触皮肤和眼睛，如中毒迅速医治。

（4）用量过高时，其残留物会对下茬水稻、大麦、小麦、高粱、玉米等禾本科作物产生药害。每667米^{2}用量在150克以下，当作物生长期超过90天以上时，一般不会对后茬作物产生药害。

（5）药剂保存于阴凉、干燥、通风处。

6. 乙草胺

【其他名称】 禾耐斯、消草安、乙基乙草安等。

【英文通用名称】acetochlor

【主要剂型】50％、89％、90％乳油，20％可湿性粉剂，40％、50％水乳剂，50％微乳剂，25％微囊悬浮剂。

【毒性】低毒。

【商品药性状及作用】乙草胺50％乳油为棕色或紫色透明液体，88％乳油为棕蓝色透明液体，90％乳油（禾耐斯）为蓝色至紫色液体。乙草胺为选择性芽前土壤处理剂，可通过杂草的幼芽和幼根吸收，抑制蛋白质合成，使幼芽、幼根停止生长，杂草出土前或出土不久被杀死。

【防除对象及使用方法】可用于十字花科蔬菜直播田（萝卜）或移栽田（甘蓝、菜花、大白菜），茄果类、瓜类（冬瓜、南瓜、西葫芦）移栽田，豆类直播田或移栽田防除稗草、马唐、狗尾草、牛筋草、看麦娘、画眉草等一年生禾本科杂草和繁缕、马齿苋、反枝苋、藜、小藜、龙葵等部分阔叶杂草，对大多数阔叶杂草及多年生杂草防效较差。

萝卜播后苗前土壤处理；甘蓝、菜花、大白菜、番茄、茄子、辣椒、冬瓜、南瓜、西葫芦移栽前土壤处理；豆类蔬菜播后苗前或移栽前土壤处理；每667米^{2}用50％乙草胺乳油100毫升对水50千克进行土壤喷雾。地膜覆盖的移栽蔬菜可在整畦后喷药，再覆膜，然后移栽，用量可降至每667米^{2}80毫升。

【注意事项】

（1）黄瓜、菠菜、韭菜、水稻、小麦、谷子、高粱对乙草胺敏感，不宜使用。

（2）此药对已出土的杂草无效，必须在杂草出土前施药，使用前应将已出土杂草锄掉。

（3）干旱影响除草效果，用药后浅混土，利于提高除草效果。

（4）该药对皮肤、眼睛有刺激，应注意防护。

（5）本剂的应用剂量取决于土壤湿度和土壤有机质含量，应根据不同地区、不同季节确定使用剂量。

（6）未使用的地方和单位应先试验后推广。

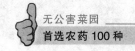
7. 异丙甲草胺

【其他名称】都尔、稻乐思、杜耳、甲氧毒草胺、屠莠胺等。

【英文通用名称】metolachlor

【主要剂型】72％、96％乳油。

【毒性】低毒（在试验室条件下对鱼有毒，对蜜蜂有胃毒，无接触毒性）。

【商品药性状及作用】异丙甲草胺乳油为棕黄色液体。异丙甲草胺为内吸传导型选择性芽前旱地土壤处理剂，单子叶杂草主要是芽鞘吸收，双子叶杂草通过幼芽、幼根吸收，抑制幼芽和幼根生长，敏感杂草在发芽后出土前或刚出土即中毒死亡。

【防除对象及使用方法】可用于十字花科、伞形花科、百合科、豆科、茄果类、马铃薯、姜等多种蔬菜田芽前除草，主要防除稗草、马唐、牛筋草、狗尾草、画眉草等一年生禾本科杂草，兼治苋菜、马齿苋、荠菜、辣子草、繁缕等部分小粒种子阔叶杂草和碎米莎草，对多年生杂草和多数阔叶杂草防效较差。

（1）十字花科菜田　直播萝卜、大白菜、甘蓝、小白菜、菜花等可于播前（药后播期参考氟乐灵）或播后苗前土壤处理；移栽甘蓝、菜花、大白菜可于移栽前或移栽缓苗后（甘蓝、菜花也可移栽后）土壤处理。

（2）茄果类菜田　番茄、茄子、辣椒移栽缓苗后杂草萌发前，定向喷雾处理土壤。

（3）豆科、伞形花科（胡萝卜、芹菜、茴香）、**百合科**（大蒜、小葱）、**马铃薯、姜**　于播后苗前进行土壤处理。

（4）老根韭菜田　收割 2～3 天伤口愈合后，锄掉田间大草进行土壤处理。

土壤处理，每 667 米^2 用 72％异丙甲草胺（都尔）乳油 80～100 毫升对水 50 升。育苗移栽田、马铃薯、生姜、老根韭菜，每 667 米^2 施 72％异丙甲草胺（都尔）乳油 100 毫升，杂草密度大的可提高至 120～150 毫升。覆膜田应先施药后覆膜，药量可用低限，施药前先把畦边压膜的沟挖好以避免施药后翻动土层降低防效。

【注意事项】

（1）露地栽培作物在干旱条件下施药应立即浅混土，覆膜田施药不混土，但药后立即覆膜。

（2）使用不当对十字花科蔬菜有轻微药害。

（3）异丙甲草胺残效期一般为 30～35 天，所以一次施药需结合人工或其他除草措施，才能有效控制作物全生育期杂草为害。

8. 精喹禾灵

【其他名称】精禾草克、盖草灵等。

【英文通用名称】quizalofop-P-ethyl

【主要剂型】5％、8.8％、10.8％乳油，20％水分散粒剂，5％、8％微乳剂，5％、10.8％水乳剂。

【毒性】低毒。

【商品药性状及作用】精喹禾灵乳油为棕色油状液体。精喹禾灵是内吸传导型选择性苗后茎叶处理除草剂，是将禾草克中非活性部分除去后的精品，该药能被杂草的茎叶迅速吸收，并向植株的上、下传导，导致新叶黄化，叶片基部、茎节部坏死，终致全株枯死。

【防除对象及使用方法】用于防除阔叶蔬菜田禾本科杂草。对阔叶杂草及莎草无效。

蔬菜种植后，禾本科杂草 3～5 叶期，每 667 米^2 用 5％精禾草克乳油 40～50 毫升，对水 50 升，茎叶喷雾。

【注意事项】

（1）对大多数禾本科作物有药害。

（2）其他见上几种茎叶除草剂。

9. 百草枯

【其他名称】克芜踪、对草快等。

【英文通用名称】paraquat

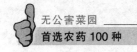
【主要剂型】20％水剂，50％可溶粒剂。

【毒性】中毒。

【商品药性状及作用】百草枯水剂为黑灰色水溶性液体。百草枯为速效触杀型灭生性除草剂，能被植物的茎与叶很快吸收，破坏植物细胞的叶绿素，喷上百草枯药液的叶片很快萎蔫、变黄，并干枯死亡。该药不具选择性，能杀伤所有植物的绿色体，但只对植物绿色组织起作用，一接触土壤立即被完全吸附钝化而失去活性，无残效，不损伤植物的根部和土壤中的种子。

【防除对象及使用方法】可用于防除菜田沟路、水渠边上杂草，也可用于蔬菜换茬免耕除草、播后出苗前除草，对各种单、双子叶杂草都有效，其中对一、二年生杂草防除效果好，对多年生杂草只能杀死地上部分，不能毒杀地下根茎。

（1）菜田沟路、水渠边上除草，杂草生长旺盛期，高20～40厘米时每667米^{2}用20％百草枯水剂200～300毫升，对水50升，喷于草上。

（2）蔬菜换茬免耕除草，前茬蔬菜收获后，后茬蔬菜播种或移栽前，每667米^{2}用20％百草枯水剂200毫升加水50升对杂草进行茎叶喷雾，第二天即可播种或移栽。由于百草枯能杀死已长出的杂草，对以后由种子再次萌发的杂草可再用一次苗后选择性茎叶处理除草剂，以控制整个生育期杂草。

（3）蔬菜播种后出苗前除草，蔬菜播种后尚未出苗前，若杂草已长出，可用20％百草枯水剂每667米^{2}150毫升，对水50升，喷雾杀死已出土的杂草。

【注意事项】

（1）若于菜田播后使用，一定要掌握在蔬菜尚未出苗之前，田间杂草长出时；出苗后切不可施用。

（2）施药时避免将药液喷洒到邻近耕地作物上。

（3）施药后30分钟遇雨能基本保证药效。

（4）喷药24小时内勿让家畜进入喷药区。

（5）本品为中等毒性及有刺激性的液体，运输时须以金属容器盛载，药瓶盖紧存于安全地点。

（6）因对哺乳动物毒性大，无解毒药，一旦误服死亡率很大。丹麦、芬兰、瑞典已撤销登记。菲律宾仅用在香蕉园，土耳其限于水沟除草。以色列、新西兰需有特殊配方。

10. 草甘膦

【其他名称】农达、镇草宁等。

【英文通用名称】glyphosate

【主要剂型】10％、30％、41％水剂，50％、70％可溶粒剂，30％、50％、65％可溶粉剂，50％水分散粒剂。

【毒性】低毒。

【商品药性状及作用】草甘膦水剂为浅棕色液体。草甘膦为内吸传导型广谱灭生性除草剂，能很快被植物绿色部分吸收，在植株体内输导，干扰植物体内的蛋白质合成，使地下根茎失去再生能力，导致杂草死亡。该药对多年生杂草地下根茎的破坏力很强，但施药后杂草死亡速度较慢。草甘膦与土壤接触立即钝化失去活性。

【防除对象及使用方法】防除蔬菜休闲田、换茬清洁田、沟渠路旁等一年生及多年生杂草。

休闲或换茬清洁蔬菜田（播前或移栽前）、沟渠路旁杂草生长旺盛期，高 10～30 厘米时，每 667 米^2 用 10％草甘膦水剂 500～1 000 毫升对水 50 升加入药液量 0.1％的中性洗衣粉作茎叶处理。防除沟渠路旁杂草，也可用 41％草甘膦（农达）水剂每 667 米^2 200～300 毫升对水茎叶喷雾。防除非耕地多年生杂草时，若将药量分 2 次用，间隔 5 天，能提高防效。

【注意事项】

（1）勿在已种植的菜田使用，喷雾时防止药雾飘移到附近作物上。

（2）施药 3 天内请勿割草、放牧和翻地。施后 4 小时内遇大雨会降低药效，应酌情补喷。

（3）草甘膦对金属有腐蚀性，贮存与使用时尽量用塑料容器。

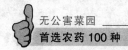

（4）低温贮存时，会有结晶析出，用前应充分摇动容器，使结晶重新溶解。

（5）用药量应根据作物对药剂的敏感程度确定。

（6）草甘膦与土壤接触立即失去活性，宜作茎叶处理。

（7）使用时可加入适量的洗衣粉、柴油等表面活性剂，可提高除草效果。

（四）植物生长调节剂

1. 乙烯利

【其他名称】一试灵、乙烯磷等。

【英文通用名称】ethephon

【主要剂型】40％水剂，10％可溶粉剂。

【毒性】低毒。

【商品药性状及作用】乙烯利水剂为浅黄色至褐色透明液体。乙烯利是一种广谱性的激素类植物生长调节剂，易被植物迅速吸收。乙烯利在植物体内会逐渐分解并释放出乙烯，能起内源激素乙烯所起的作用，如促进果实成熟及叶片、果实的脱落，矮化植株，改变雌雄花的比率，诱导某些作物雄性不育。在蔬菜上用于番茄催熟，黄瓜、南瓜等增加雌花。

【施用对象及使用方法】用于番茄、黄瓜、南瓜、西葫芦。

（1）番茄催熟　用 40％乙烯利水剂 800～1 000倍液对青番茄喷果 1 次。

（2）黄瓜、南瓜增加雌花　用 40％乙烯利水剂2 000～4 000倍液在黄瓜苗 3～4 叶期全株喷洒 2 次（间隔 10 天）、南瓜 3～4 叶期全株喷洒 1 次。

【注意事项】

（1）禁止与碱性农药混用，也不能用碱性较强的水稀释。

（2）在晴天气温 20℃以上时使用，药后 6 小时遇雨，应当补喷。

（3）乙烯利对金属器皿有腐蚀作用，加热或遇碱时会释放出易燃气体乙烯，应小心贮存和使用，以免发生危险。

2. 赤霉素

【其他名称】九二〇、赤霉酸、奇宝等。

【英文通用名称】gibberellic acid

【主要剂型】75％、85％结晶粉，3％、4％乳油，4％水剂，75％、85％粉剂，3％、10％可溶粉剂，40％可溶粒剂，20％可溶片剂。

【毒性】低毒。

【商品药性状及作用】赤霉素结晶粉为白色或微带黄色结晶粉末。赤霉素是一种广谱性的植物生长调节剂，可促进植物细胞分裂和伸长，使植株长高、叶片扩大、果实生长。使其提早成熟，改进品质，促进发芽、减少落花和落果，提高结果率或形成无籽果。

【施用对象及使用方法】

（1）黄瓜　在一叶期喷叶可诱导雌花，花期喷花能促进坐果，瓜果采收前喷瓜有利于延长贮存期，用85％赤霉素结晶粉8 500～17 000倍液或4％赤霉素乳油400～800倍液喷洒。

（2）茄子　用85％赤霉素结晶粉17 000～85 000倍液或4％赤霉素乳油800～4 000倍液，花期喷花，能促进坐果。

（3）番茄　用85％赤霉素结晶粉17 000～85 000倍液或4％赤霉素乳油800～4 000倍液，花期喷花，能促进坐果并防止产生"空洞"果实。

（4）芹菜　用85％赤霉素结晶粉8 500～17 000倍液或4％赤霉素乳油400～800倍液，收获前14天左右喷叶片，有利于茎增粗。

【注意事项】

（1）赤霉素原粉难溶于水，使用前要先用少量酒精溶解，再加水稀释至所需浓度；水溶性粉剂和乳油可直接加水稀释。

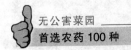
（2）水溶液易失效，要随用随配。

（3）不能与碱性农药和肥料混用，以免失效。

（4）应密封保存在低温干燥处，避免高温。

（5）掌握好使用剂量和使用时间。

3. 复硝酚钠

【其他名称】爱多收、特多收等。

【英文通用名称】compoud sodium nitrophenolate

【主要剂型】0.7％、1.4％、1.8％水剂。

【毒性】低毒。

【商品药性状及作用】复硝酚钠水剂为淡褐色液体。复硝酚钠是植物细胞赋活剂，能迅速渗透到植物体内，以促进细胞的原生质流动。能促进植物生长发育、提早开花、打破休眠、促进发芽、防止落花落果、改良植物产品的品质等。该产品可以用叶面喷洒、浸种、苗床灌注及对花蕾喷雾等方式进行处理。

【施用对象及使用方法】白菜及番茄、茄子等果菜类种子可浸于 1.8％复硝酚钠水剂 6 000 倍药液中 4～10 小时，在暗处晾干后播种；大豆浸 3 小时左右；马铃薯浸 5～12 小时后，切开消毒后播种。

果蔬类，如番茄、瓜类等，在生长期及花蕾期，用 1.8％复硝酚钠水剂 6 000～8 000 倍液喷洒 1～2 次，间隔 7 日左右。

温室蔬菜移植后生长期，用 6 000 倍液（或与液肥混合后）进行浇灌，对防止根老化，促进新根形成效果显著。

【注意事项】

（1）必须严格掌握使用浓度，否则会对作物幼芽及生长有抑制作用。

（2）结球性叶菜应在结球前 1 个月停止使用，否则会推迟结球。

（3）可与其他农药、肥料混用。

（4）应密封保存在避光的阴冷处。

（5）在番茄上安全间隔期 7 天，每季最多使用 2 次。

4. 矮壮素

【其他名称】三西、氯化氯代胆碱等。

【英文通用名称】chlormequat chloride

【主要剂型】50％水剂，80％可溶粉剂。

【毒性】低毒。

【商品药性状及作用】矮壮素水剂为浅黄色至黄棕色透明液体。矮壮素是一种植物生长抑制剂，可控制营养生长，促进生殖生长。能使植株矮壮，茎秆变粗，叶色加深，增强光合作用，同时，能增强作物的抗倒、抗旱、抗寒、抗盐碱及抗病虫的能力。

【施用对象及使用方法】

（1）番茄 在苗期用 50％矮壮素水剂 5 000～50 000 倍液（10～100 毫克/千克）喷洒土表，可使植株紧凑，提早开花；在开花前用 50％矮壮素水剂 500～1 000 倍液（500～1 000 毫克/千克）全株喷洒，可提高坐果率，促进增产。

（2）黄瓜 在 14～15 片叶时用 50％矮壮素水剂 5 000～10 000 倍液（50～100 毫克/千克）全株喷洒，可促进坐果，起到增产效果。

（3）马铃薯 在开花前用 50％矮壮素水剂 300～200 倍液（1 600～2 500 毫克/千克）喷洒叶片，可提高植株的抗寒、抗旱和抗盐碱能力。

【注意事项】

（1）矮壮素只能在土壤条件好、作物长势旺盛、有徒长趋势的菜地使用，不宜用在长势较弱的作物上，以免影响正常生长。

（2）严格掌握用药时期和用药量，防止过早用药引起植株矮小，过迟用药引起早衰。

（3）不能与碱性药剂混用。

（4）配药和施药人员需注意防止污染手、脸和皮肤，如有污染应即时清洗。操作时不要抽烟、喝水或吃东西。工作完毕后应及时

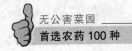
清洗手、脸和可能被污染的部位。

5. 萘乙酸

【其他名称】 α-萘乙酸、NAA 等。

【英文通用名称】 1 - naphthyl acetic acid

【主要剂型】 0.03％、0.1％、0.6％、1％、4.2％、5％水剂，40％可溶粉剂，20％粉剂。

【毒性】 低毒。

【商品药性状及作用】 80％萘乙酸原粉为浅土黄色粉末。萘乙酸是激素类植物生长调节剂，有着内源生长素吲哚乙酸的作用特点和生理功能，如促进细胞分裂与扩大，诱导形成不定根，增加坐果，防止落果，改变雌、雄花比率等。萘乙酸可经由叶片、树枝的嫩表皮、种子进入到植株体内，随营养流输导到起作用的部位，加强植物生长发育，增强植株抗性。一般低浓度下可刺激植物生长，高浓度则抑制萌芽、生长。蔬菜上用来防止落花、提高坐果率以及刺激生根、无性繁殖和抑制贮存期萌芽。

【施用对象及使用方法】 番茄上防止落花，用 5％萘乙酸水剂 4 000～5 000 倍液喷花。番茄调节生产、增产，用 0.1％萘乙酸水剂 1 000～2 000 倍液，茎叶喷雾。

【注意事项】

（1）萘乙酸难溶于冷水，配制时可先用少量酒精溶解，再加水稀释或先加少量水调成糊状再加适量水，然后加碳酸氢钠（小苏打）搅拌直至全部溶解。

（2）早熟苹果品种使用疏花、疏果易产生药害不宜使用。

6. 甲哌鎓

【其他名称】 助壮素、缩节胺、调节啶、壮棉素、甲呱啶等。

【英文通用名称】 mepiquat chloride

【主要剂型】 25％水剂，8％、10％、96％、98％可溶粉剂。

【毒性】 低毒。

【商品药性状及作用】甲哌鎓水剂为粉红色至紫色液体。甲哌鎓为内吸性植物生长延缓剂，能抑制细胞伸长，抑制植物体内赤霉素的生物合成。延缓营养体生长，控制株型纵横生长，使植株矮小化，株型紧凑；能增加叶绿素含量，提高叶片同化能力；促进开花，防止落果。蔬菜上用于促进番茄、黄瓜等果实的早熟与增产的作用。

【施用对象及使用方法】

（1）番茄　移植前和第二次初开花，喷洒 25％甲哌鎓水剂 2 500倍液，可以抑制腋芽生长，增加前期开花数量，防止落花落果，有利于早开花，早结果，提高产量与产值。

（2）黄瓜　在初花期，喷洒 25％甲哌鎓水剂1 200～2 500倍液，能抑制植株生长，促进株形紧凑与健壮，提高抗病能力。

【注意事项】遇潮易分解，需贮存于干燥阴凉处。

7. 芸苔素内酯

【其他名称】益丰素、天丰素、油菜素内酯、农梨利等。

【英文通用名称】brassinolide

【主　要　剂　型】0.001 6％、0.007 5％、0.004％、0.01％、0.04％水剂，0.01％、0.15％乳油，0.01％可溶粉剂，0.01％可溶液剂。

【毒性】低毒（对鱼类有毒）。

【商品药性状及作用】芸苔素内酯具有使植物细胞分裂和延长的双重作用，促进根系发达，增强光合作用，提高作物叶绿素含量，促进作物对肥料的有效吸收，辅助作物劣势部分良好生长。

【施用对象及使用方法】黄瓜用 0.003％芸苔素内酯水剂 3 000～5 000倍液喷雾，提高产量。

【注意事项】

（1）施用时，应按对水量的 0.01％加入表面活性剂，以便药物进入植物体内。

（2）可与杀虫剂、杀菌剂等农药一起混合喷施。

（3）密闭，置阴凉干燥处贮存。

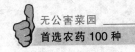

8. 芸苔·吲乙·赤霉酸

【其他名称】碧护、康凯等。

【英文通用名称】brassinolide·indol-3-ylacetic acid·gibberellic acid

【主要剂型】0.136％可湿性粉剂。

【毒性】低毒。

【商品药性状及作用】芸苔·吲乙·赤霉酸为芸苔素内酯、吲哚乙酸和赤霉酸的混配剂。能够诱导作物提高抗逆性、增加产量和改善品质、解除药害，是一种新型复合平衡植物生长调节剂。

【施用对象及使用方法】在黄瓜苗期或移栽定植后，用0.136％芸苔·吲乙·赤霉酸可湿性粉剂5 000～10 000倍液喷雾；在黄瓜开花前5～7天或采摘3次、8次后，用0.136％芸苔·吲乙·赤霉酸可湿性粉剂10 000～20 000倍液喷雾。

【注意事项】

(1) 早晚施用效果最佳，避免在雨前和强阳光下喷施。

(2) 可与氨基酸肥、腐殖酸肥、有机肥配合使用，增产效果更佳。

(3) 不可与强酸、碱性农药混用。

(4) 使用效果主要取决于正确的亩用量，喷水量可根据作物不同生长期和当地用药习惯适当调整。

附　录

附录1　国家明令禁止使用的农药和不得在蔬菜、果树、茶叶、中草药材上使用的高毒农药品种

一、国家明令禁止使用的33种农药

六六六（HCH），滴滴涕（DDT），毒杀芬（camphechlor），二溴氯丙烷（dibromochloropane），杀虫脒（chlordimeform），二溴乙烷（EDB），除草醚（nitrofen），艾氏剂（aldrin），狄氏剂（dieldrin），汞制剂（mercurycompounds），砷（arsena）类，铅（acetate）类，敌枯双，氟乙酰胺（fluoroacetamide），甘氟（gliftor），毒鼠强（tetramine），氟乙酸钠（sodium fluoroacetate），毒鼠硅（silatrane），甲胺磷（methamidophos），甲基对硫磷（parathion-methyl），对硫磷（parathion），久效磷（monocrotophos），磷胺（phosphamidon），苯线磷（fenamiphos），地虫硫磷（fonofos），甲基硫环磷（phosfolan-methyl），磷化钙（calcium phosphide），磷化镁（megnesium phosphid），磷化锌（zinc phosphide），硫线磷（cadusafos），蝇毒磷（coumaphos），治螟磷（sulfotep），特丁硫磷（terbufos）。

二、蔬菜、果树、茶叶、中草药材上不得使用和限制使用的17种农药

甲拌磷（phorate），甲基异柳磷（isofenphos-methyl），内吸

磷（demeton），克百威（carbofuran），涕灭威（aldicarb），灭线磷（ethoprophos），硫环磷（phosfolan），氯唑磷（isazofos），氟虫腈（fipronil）9种高毒农药不得用于蔬菜、果树、茶叶、中草药材上。

三氯杀螨醇(dicofol)，氰戊菊酯(fenvalerate)不得用于茶树上。

氧乐果（omethoate）禁止在甘蓝和柑橘树上使用；丁酰肼（daminozide）禁止在花生上使用；水胺硫磷（isocarbophos）禁止在柑橘树上使用；灭多威（methomyl）禁止在柑橘树、苹果树、茶树、十字花科蔬菜上使用；硫丹（endosulfan）禁止在苹果树、茶树上使用；溴甲烷（methyl bromide）禁止在草莓、黄瓜上使用。

《农药管理条例》规定：剧毒、高毒农药不得用于蔬菜、瓜果、茶叶和中草药材。

任何农药产品都不得超出农药登记批准的使用范围使用。

附录2　农药说明书中常见的符号

ADI：每千克体重每天允许摄入的量。

ai：有效成分。

KT_{50}：击倒中时间，即在一定条件下使一组实验动物群体中的50%发生倒毙的时间。

LC_{50}：致死中浓度，即在一定条件下使一组实验动物群体中的50%发生死亡的浓度。

LD_{50}：致死中量，即在一定条件下使一组实验动物群体中的50%发生死亡的剂量。

LT_{50}：致死中时间，即在一定条件下使一组实验动物群体中的50%发生死亡的时间。

pH：溶液酸碱度指标。pH7为中性，小于7为酸性，数值越小酸性越强；大于7为碱性，数值越大碱性越强。

ppm：百万分率，1千克水中有药剂1毫克即为1ppm。

WT：重量。

附录 3　常见农药剂型缩写

农药剂型	缩写	农药剂型	缩写
水剂	AS	微乳剂	ME
浓饵剂	CB	微粒剂	MG
微囊悬浮剂	CS	浓乳剂	NE
冻干剂	DG	油剂	OL
干拌种剂	DS	糊剂	PA
粉剂	DP	泡腾片剂	PP
乳油	EC	毒饵	RB
油乳剂	EO	悬浮剂	SC
饵粒	EB	种衣剂	SD
种子处理乳剂	ES	可溶粒剂	SG
水乳剂	EW	可溶液剂	SL
悬浮种衣剂	FS	可溶粉剂	SP
烟剂	FU	种子处理可溶粉剂	SS
干拌剂	GB	超低容量微囊悬浮剂	SU
干粒剂	GF	超低容量剂	ULV
颗粒剂	GR	水分散粒剂	WG
漂浮粉剂	GP	可分散粒剂	WJ
诱芯	GD	可溶性浓剂	WN
液剂	LD	可湿性粉剂	WP
种子处理液剂	LS	湿拌种剂	WS

附录 4 农药制剂用量、配制药液量和稀释倍数对照表

稀释倍数 \ 制剂用量 \ 配制药液量	8升		10升		14升		16升	
	乳剂（毫升）	可湿性粉剂（克）	乳剂（毫升）	可湿性粉剂（克）	乳剂（毫升）	可湿性粉剂（克）	乳剂（毫升）	可湿性粉剂（克）
100	80	80	100	100	140	140	160	160
200	40	40	50	50	70	70	80	80
300	27	27	33	33	47	47	53	53
400	20	20	25	25	35	35	40	40
500	16	16	20	20	28	28	32	32
600	14	14	17	17	24	24	25	25
700	12	12	14	14	20	20	23	23
800	10	10	12.5	12.5	18	18	20	20
900	9	9	11	11	16	16	18	18
1 000	8	8	10	10	14	14	16	16
1 200	7	7	8	8	12	12	13	13
1 500	6	6	7	7	10	10	10.7	10.7
1 800	5	5	6	6	8	8	9	9
2 000	4	4	5	5	7	7	8	8
2 500	3.2	3.2	4	4	6	6	6.4	6.4
3 000	3	3	3.3	3.3	5	5	5.3	5.3
4 000	2	2	2.5	2.5	3.5	3.5	4	4
5 000	1.6	1.6	2	2	2.8	2.8	3.2	3.2
10 000	0.8	0.8	1	1	1.4	1.4	6	6
20 000	0.4	0.4	0.5	0.5	0.7	0.7	0.8	0.8

（续）

配制药液量	20 升		50 升		100 升		200 升	
制剂用量 稀释倍数	乳剂（毫升）	可湿性粉剂（克）	乳剂（毫升）	可湿性粉剂（克）	乳剂（毫升）	可湿性粉剂（克）	乳剂（毫升）	可湿性粉剂（克）
100	200	200	500	500	1 000	1 000	2 000	2 000
200	100	100	250	250	500	500	1 000	1 000
300	67	67	167	167	333	333	667	667
400	50	50	125	125	250	250	500	500
500	40	40	100	100	200	200	400	400
600	33	33	83	83	167	167	333	333
700	29	29	72	72	143	143	286	286
800	25	25	63	63	125	125	250	250
900	22	22	56	56	111	111	222	222
1 000	20	20	50	50	100	100	200	200
1 200	16.6	16.6	42	42	83	83	167	167
1 500	13.3	13.3	33	33	67	67	133	133
1 800	10	10	25	25	50	50	100	100
2 000	8	8	20	20	40	40	80	80
2 500	6.6	6.6	16.6	16.6	33	33	67	67
3 000	6.6	6.6	16.6	16.6	33	33	67	67
4 000	5	5	12.5	12.5	25	25	50	50
5 000	4	4	10	10	20	20	40	40
10 000	2	2	5	5	10	10	20	20
20 000	1	1	2.5	2.5	5	5	10	10

附录 5　稀释倍数—有效成分浓度
（毫克/千克）换算表

有效成分含量 稀释浓度	100%	80%	50%	40%	30%	10%	5%	1%
100	10 000	8 000	5 000	4 000	3 000	1 000	500	100
200	5 000	4 000	2 500	2 000	1 500	500	250	50. 0
300	3 333	2 666	1 666	1 333	1 000	333	166	33. 3
400	2 500	2 000	1 250	1 000	750	250	125	25. 0
500	2 000	1 600	1 000	800	600	200	100	20. 0
600	1 666	1 333	833	666	500	166	83	16. 6
700	1 426	1 142	714	571	428	142	71	14. 2
800	1 250	1 000	625	500	375	125	62	12. 5
900	1 111	888	555	444	333	111	55	11. 1
1 000	1 000	800	500	400	300	100	50	10. 0
1 500	666	533	333	266	200	66	33	6. 6
2 000	500	400	250	200	150	50	25	5. 0
3 000	333	266	166	133	100	33	16	3. 3
4 000	250	200	125	100	75	25	12	2. 5
5 000	200	160	100	80	60	20	10	2. 0
10 000	100	80	50	40	30	10	5	1. 0
20 000	50. 0	40. 0	25. 0	20. 0	15. 0	5. 0	2. 5	0. 5
30 000	33. 3	26. 6	16. 6	13. 3	10. 0	3. 3	1. 6	0. 3
40 000	25. 0	20. 0	12. 5	10. 0	7. 5	2. 5	1. 2	0. 25
50 000	20. 0	16. 0	10. 0	8. 0	6. 0	2. 0	1. 0	0. 2
100 000	10. 0	8. 0	5. 0	4. 0	3. 0	1. 0	0. 5	0. 1

附录 6　绿色食品对农药使用的要求

一、生产 A 级绿色食品对农药使用的要求

1. 严禁使用的农药品种

在作物生长期和贮藏期间，严禁使用高毒（包括剧毒）、高残留或具有三致（致癌、致畸、致突变）的农药，包括生物源、矿物源农药中的高毒品种。还有一些农药因其他原因也在作物上被禁用。其中：DDT、六六六、林丹、甲氧 DDT、硫丹、甲拌磷、乙拌磷、久效磷、对硫磷、甲基对硫磷、甲胺磷、甲基异柳磷、治螟磷、氧化乐果、磷胺、地虫磷、丙线磷（益收宝）、水胺硫磷、氯唑磷、硫线磷、杀扑磷、特丁硫磷、克线丹、苯线磷、甲基环硫磷；涕灭威、克百威、灭多威、丁硫克百威、丙硫克百威、杀虫脒、二溴乙烷、环氧乙烷、二溴氯丙烷、溴甲烷、甲基砷酸锌（稻脚青）、甲基胂酸钙（稻宁）、甲基砷酸铵（田安）、福美甲胂、福美胂、三苯基醋酸锡（薯瘟锡）、三苯基氯化锡、三苯基羟基锡（毒菌锡）、氯化乙基汞（西力生）、醋酸苯汞（赛力散）、五氯硝基苯、稻瘟醇（五氯苯甲醇）、敌枯双、2，4 -D 类化合物、除草醚、草枯醚、有机合成的植物生长调节剂禁止在所有作物上使用；三氯杀螨醇禁止在蔬菜、果树、茶叶上使用；阿维菌素、克螨特禁止在蔬菜、果树上使用；稻瘟净、异稻瘟净禁止在水稻上使用；拟除虫菊酯类杀虫剂禁止在水稻及其他水生作物上使用；各类除草剂不能用于芽后（苗后）茎叶处理。以上规定可随国家新规定的公布而加以增添和修改。严禁使用基因工程品种（产品）及制剂。

2. 允许使用的农药品种

允许使用中等毒性以下的植物源农药、动物源农药和微生物源农药。如植物源农药中的除虫菊素、鱼藤酮、烟碱、植物油乳油、大蒜素、印楝素、苦楝素、川楝素、芝麻素等。动物源农药中的性信息素、活体天敌动物。微生物源农药中的农用抗生素井冈霉素、链霉素、多氧霉素、浏阳霉素等。微生物源农药中的活体微生物，

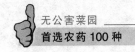

如蜡蚧轮枝菌、苏云金杆菌、拮抗菌、昆虫病原线虫、微孢子、核型多角体病毒等。允许使用矿物源农药中的硫制剂和铜制剂，如硫制剂中的石硫合剂、可湿性硫、硫悬浮剂，铜制剂中的硫酸铜、氢氧化铜、波尔多液、王铜等。

3. 有限制地使用有机合成农药

有机合成农药是指由人工合成，并由有机化学工业生产的商品化的一类农药。对这类农药的使用限制主要在4个方面。

（1）品种的限制　可以使用在A级绿色食品生产和贮藏过程中的有机合成农药仅限于本文第一部分第1条中被禁用品种之外的品种。

（2）使用次数的限制　每种可使用的有机合成农药品种在一种作物的生长期内只允许使用一次。

（3）施药量和施药安全间隔期的限制　可以使用的有机合成农药在某种作物上的使用必须遵照"农药安全使用标准"和"农药合理使用准则（一）至（六）"规定的施药量和施药间隔期的规定执行。

（4）在农产品中残留量的限制　有机合成农药在农产品中的最终残留量不能超过"农药安全使用标准"和"农药合理使用准则（一）至（六）"规定的最高残留量（MRL）的标准。

二、生产AA级绿色食品对农药使用的要求

1. 禁止使用的农药种类

禁止使用有机合成的化学农药，包括化学杀虫剂、杀螨剂、杀菌剂、杀线虫剂、杀鼠剂、除草剂和植物生长调节剂以及含有有机合成的化学农药成分的生物源、矿物源农药的复配制。禁止使用基因工程品种（产品）及制剂。

2. 允许使用的农药种类

（1）允许使用中等毒性以下的植物源杀虫剂、杀菌剂、驱避剂和增效剂。如除虫菊素、鱼藤酮、烟草水、大蒜素、苦楝、川楝、印楝、芝麻素等。

（2）在害虫捕捉器中允许使用昆虫性息素及植物源引诱剂。

（3）允许使用矿物油和植物油制剂。

（4）允许使用矿物源农药中的硫制剂、铜制剂。

（5）允许使用AA级绿色食品生产资料农药类产品中的其他品种。

3. 经专门机构核准可以有限度地使用的农药品种

（1）活体微生物农药　包括真菌制剂、细菌制剂、病毒制剂、放线菌制剂、拮抗菌制剂、昆虫病原线虫、原虫等。

（2）农用抗生素　如春雷霉素、农抗120、中生菌素、浏阳霉素、链霉素等。

（引自 www.instrument.com.cn，有修改）

图书在版编目（CIP）数据

无公害菜园首选农药100种/师迎春，易齐编著．—
2版．—北京：中国农业出版社，2014.1
（最受欢迎的种植业精品图书）
ISBN 978-7-109-18968-3

Ⅰ.①无…　Ⅱ.①师…②易…　Ⅲ.①蔬菜－农药施
用－无污染技术　Ⅳ.①S436.3

中国版本图书馆 CIP 数据核字（2014）第 045677 号

中国农业出版社出版
（北京市朝阳区麦子店街 18 号楼）
（邮政编码 100125）
责任编辑　张洪光　阎莎莎

北京中兴印刷有限公司印刷　新华书店北京发行所发行
2016 年 1 月第 2 版　2016 年 1 月第 2 版北京第 1 次印刷

开本：880mm×1230mm　1/32　印张：5.75
字数：150 千字
定价：16.00 元
（凡本版图书出现印刷、装订错误，请向出版社发行部调换）